AF452517

ŒUVRES PHYSIOLOGIQUES

De M. LECAT.

TRAITÉ

DES SENSATIONS

ET

DES PASSIONS.

TOME PREMIER.

Igneus est ollis vigor et celestis origo
sensibus ...

Les Sens sont un present des Dieux ...

Leur pouvoir, leur Sagesse Eclate en chacun d'eux

CLAUDE NICOLAS LE CAT Ecuyer
Doct. en Med. et 1.er Chirurg. de l'Hôtel-Dieu de Rouen,
Profess. Demonst. Royal. des Academ. de Paris, Londres,
Madrid, Berlin, des Academies Imperiales des Curieux
de la nature et de Saint Petersbourg, de l'Institut de Bologne,
Secretaire perpetuel de l'Academie des Sciences de Rouen &c.

Peint par Thomiers
Gravé L'An de son Age et du Siecle 47 par Will.

TRAITÉ
DES SENSATIONS
ET
DES PASSIONS
EN GÉNÉRAL,
ET DES SENS EN PARTICULIER,

OUVRAGE DIVISÉ EN DEUX PARTIES.

Par M. LE CAT, Ecuyer, Docteur en Médecine, Chirurgien en chef de l'Hôtel-Dieu de Rouen, Lithotomiste, Pensionnaire de la même Ville, Professeur, Démonstrateur Royal en Anatomie & Chirurgie, Correspondant de l'Académie-Royalle des Sciences de Paris, Doyen des Associés-Regnicoles de celle de Chirurgie, des Académies Royales de Londres, Madrid, Porto, Berlin, Lyon, des Académies Impériales des curieux de la Nature, & de Saint-Petersbourg, de l'Institut de Bologne, Secrétaire perpétuel de l'Académie des Sciences de Rouen.

TOME PREMIER.

A PARIS,

Chez VALLAT-LA-CHAPELLE, Libraire au Palais, sur le Perron de la Sainte-Chapelle.

M. DCC. LXVII.

Avec Approbation & Privilége du Roi.

QUIS enim hunc hominem dixerit qui cum microcofmi tam mirabilem partium fabricam & ordinem , tantamque ejus motuum harmoniam contemplaverit, *neget in his ullam ineffe rationem ; eaque cafu fieri dicat quæ quanto confilio gerantur nullo confilio affequi poffumus?* Cicero de natura deorum. L. 11. chap. 37 & 38.

PEUT-ON accorder le nom d'homme à celui qui ayant comtemplé la ftructure & l'arrangement admirable des parties du petit monde, & l'harmonie de fes mouvemens, eft capable d'y méconnoître une intelligence fuprême, & ofe attribuer au hazard un méchanifme fi ingénieux, que les plus grands génies échouent à le comprendre?

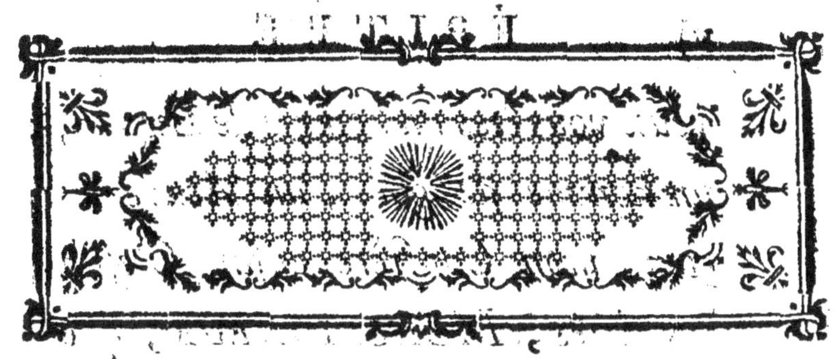

ÉPITRE
DEDICATOIRE,

A MONSEIGNEUR

ARMAND-THOMAS HUE, Chevalier, Marquis de Miromenil, Conseiller du Roi en ses Conseils, Premier Président du Parlement de Normandie, Membre de l'Académie Royale des Sciences, des Belles Lettres, & des Arts de Rouen, de celle de Caen, de la Société d'Agriculture, &c, &c.

MONSEIGNEUR,

VOUS êtes un grand Magistrat au jugement des Juriconsultes & des Connoisseurs en ce genre ; à mes yeux vous êtes un homme de Lettres, un homme de goût, un Académicien, mon Confrère enfin. C'eſt à ces titres, MONSEIGNEUR, que j'ai l'honneur de vous dédier cet Ouvrage. Vous les préférez à des Epithétes beaucoup plus faſtueuſes, & le dernier de tous eſt celui dont vous vous plaiſez le plus à vous parer. On voit par-là que vous n'avez pas cette affabilité affectée qui ne nous approche de plus près d'un Supérieur, que pour mieux nous faire voir tout l'intervalle qui nous en ſépare ; coup d'œil humiliant, que vous avez grand ſoin de nous éviter, par l'art enchanteur de nous perſuader une ſorte d'égalité ; & peu s'en faut que vous ne parveniez à nous le faire croire : au moins nous ſommes convaincus que vous le croyez par la préférence décidée que vous donnez toujours au mérite ſur les dignités. Le premier rapprochant, ſelon vous, les conditions les plus inégales, vous ſavez réaliſer des talens imaginaires pour ériger vos protegés en amis ; vous ne paroiſſez ni deſcendre juſqu'à eux, ni les élever juſqu'à vous ; vous les trouvez vos égaux. Lorſque vous deſirez de conduire les Hommes à quelque but louable, qui eſt toujours votre but, vous vous gardez bien de leur donner

votre volonté pour règle de la leur ;
vous leur montrez tout le bien qu'ils
ont à faire, & vous leur laiſſez la
gloire de l'avoir voulu comme d'eux-
mêmes : mais ils vous ſavent intérieurement tout le gré de le leur avoir
inſpiré, de leur en avoir procuré
l'occaſion, & vous devenez leur ami,
comme celui du bien public ; car qui
pouroit réſiſter à une ſéduction dic-
tée par la vertu, par la bienfaiſance
& accompagnée de tous les appas
d'une éloquence qui réunit les caractéres de la vérité, du ſentiment
& de la droiture, qui réunit deux
talens ſi ſouvent incompatibles,
celui de gouverner les Hommes,

& celui de se les attacher.

C'est par-là que vous avez gagné tous les cœurs ; c'est par-là que vous avez subjugué ceux qui étoient les moins disposés à vous rendre le tribut de louanges qui vous est dû. Que votre modestie ne me permet-elle de vous retracer l'histoire de ces occasions importantes & délicates dans lesquelles, interpréte de votre auguste Corps auprès du Trône, vous avez su concilier l'honneur de la Magistrature & l'intérêt des peuples, avec la soumission due au Souverain, & meriter tout à la fois la bienveillance du Monarque & l'estime du Sénat auquel vous présidez ! Eh ! de qui n'obtenez-vous pas ces *fentimens* ? Occupé comme vous l'êtes dans tous les momens de votre vie, à *faifir*, à chercher même les *occafions* d'obliger, *perfonne* n'ignore tout ce que vous avez fait pour moi en particulier; il *eft* temps enfin que le Public apprenne *auffi*, en voyant votre nom à la tête de ces Œuvres *Phyfiologi*ques, que la gratitude *eft* une des premières vertus dont mon ame *fe* fait gloire d'être décorée.

J'ai l'honneur d'être avec un profond *refpect*,

MONSEIGNEUR,

Votre très-humbles & très-obéif-
fant ferviteur, LE CAT.

PRÉFACE,

*CONTENANT l'Occasion, le Plan,
le Caractère de la Physiologie, dont
cet Ouvrage fait partie.*

LE PHYSICIEN a pour objet la
Nature entière, qui n'a point de bornes
plus étroites que l'Univers même. Le
Physiologiste, dans la multitude im-
mense des objets qu'offre la nature,
s'est choisi l'homme, le plus intéressant
pour nous. Il a bientôt reconnu que
c'est une machine qui rassemble tout ce
que les Méchaniques, tout ce que l'Hydraulique, tout ce que les diverses parties de la Physique ont de plus beau &
de plus profond, mais qui les surpasse
infiniment par l'accord de ce méchanisme, avec un principe moteur doué de
sentimens, & capable d'une action spon-

tanée ; enfin ses propres méditations sur
les dispositions merveilleuses de tant
d'organes ont été pour lui une démonftration convaincante qu'ils ne font que
la moindre partie de l'homme , & que
fi ce corps, qui fait en foi un chef d'œuvre de méchanique , attefte l'exiftence
du suprême Architecte de tout ce qui
exifte , la fubftance qui anime ce chef
d'œuvre , prouve encore mieux, qu'elle
ne peut avoir d'autre fource que l'Etre
fouverainement parfait , le Créateur &
le moteur de toutes chofes.

Tant que le jeu de la machine animale eft harmonieux, tant qu'il régne un
équilibre heureux entre toutes fes puiffances ; que toutes leurs fonctions réciproques s'exercent librement & parfaitement , l'homme eft dans l'état de
fanté ; & c'eft comme tel qu'il fait notre
objet dans la *Phyfiologie.*

Les grands hommes , qui ont le plus
aprofondi cet ouvrage divin , n'ont pû
comparer la multitude & la beauté des
phénomenes qu'il offre , qu'à ceux de
l'univers entier. De-là vient le nom de

Microcofme ou de *Petit Monde*, qu'ils lui ont unanimement donné.

C'eſt dans cette carriére immenſe que j'oſe porter mes pas, à la ſuite & à l'appui des Savans qui m'ont précédé & de ceux qui en parcourent encore avec moi les routes eſcarpées.

Je ne ſuis pas aſſez vain pour me flatter de les égaler, encore moins de les ſurpaſſer. Quand j'ai entrepris cet Ouvrage, j'ai plus ſuivi mon inclination que conſulté mes forces. Dès que j'ai pu être ſenſible à des attraits, la ſcience de la Nature a fait l'objet de mes vœux, elle a partagé mes momens les plus doux. La Chirurgie m'étoit une eſpéce de patrimoine ; elle m'étoit offerte par ceux à qui je dois le jour : mais ſes dehors barbares m'effrayoient. Dès qu'on me l'eut fait voir, la compagne & l'éleve de la Phyſique, j'embraſſai l'écoliére en faveur de la maîtreſſe chérie, & je me promis bien de ne les ſéparer jamais. C'eſt en ſuivant ce plan que je m'initiai dans notre Art ; & dans le temps même que j'en recevois les élemens, je conçus le projet hardi que j'exécute aujourd'hui d'en donner aux autres. Je me propofai d'étudier la Nature même plutôt que les Auteurs. Je n'ai vu ceux-ci que pour me conduire dans cette étude & n'y rien omettre d'effentiel. Winflow, mon premier maître en Anatomie, fut mon Pilote en cette partie. J'ai peu lu de Phyfiologiftes. Le célébre Albinus n'avoit pas encore enrichi le Public de toutes fes productions que nous admirons. L'immenfe collection du laborieux, du fage, du favant Haller, ne fait que de s'achever, & je me tiens heureux d'avoir affez vêcu pour voir le dernier volume de cette belle Phyfiologie, qui renferme toutes les autres, & de pouvoir y puifer des lumiéres éparfes dans des Bibliothéques entiéres, que peu de particuliers peuvent pofféder. La diverfité des opinions qui nous fépare fur quelques points, ne m'empêchera jamais de rendre à fes talens fuperieurs les hommages qui leur font dus. Mais j'avoue que l'autorité des grands noms que je refpecte le plus, n'a nul empire fur mes

sentimens ; la nature seule l'a obtenu.
C'est par elle seule que je puis me resou-
dre à *jurer ;* c'est chez elle principalement que j'ai cherché l'explication de
ses énigmes. Je n'ai voulu suivre d'autre
ordre, d'autre méthode que celle que
m'indiqueroit la propre subordination
des phénomènes & des principes que
j'avois premiérement puisés dans les
sciences Physico-Mathématiques. J'ai
dirigé tous mes travaux, toutes mes
études à ce but : & si j'ai fait quelques
excursions sur des terres étrangéres, elles
ne m'ont jamais fait perdre de vue mon
projet ; j'y suis même revenu, pour l'ordinaire, chargé de dépouilles propres
à enrichir les magasins que je destinois
à cette expédition.

En 1739, après environ 14 ans d'é-
tude, & principalement de méditations
sur cet objet, je me crus en état d'en
fournir un volume, & je le fis en effet
imprimer.

L'article des *sens en particulier,*
m'ayant paru plus à portée de tous les
amateurs, & propre à fonder le goût du

public, j'en fis tirer un plus grand nombre d'exemplaires. Je fis débiter ce nombre excédent avec un titre à part, &
je mis sous la clef l'édition entiére. Plein
d'une juste défiance de mes talens, pendant que je consultois le sentiment général par le Traité des sens en particulier, j'avois envoyé aux vrais connoif-
feurs, à mes véritables Juges, aux principaux Savans de l'Europe, des exemplaires du volume entier, & je les priois
inftamment de ne point épargner leur
critique à un Ouvrage qui ne verroit
pas encore fitôt le jour, & que j'étois en
état de corriger. On a plutôt fait de
louer un ouvrage qu'on reçoit en préfent
que de le critiquer ; j'ai trouvé peu de
véritables amis ; j'ai été obligé de me
juger, de me corriger moi-même ; vingt-
fix ans de réflexions, ont pu me mettre
en état de le faire ; dans ce long intervalle de temps, l'enthoufiafme d'inven-
teur tombe, de nouvelles idées étendent,
redreffent ou détruifent les premiéres ;
le Juge fuccéde à l'Auteur.

J'ai tâché de faire, avec intégrité,
cette

cette fonction pendant le grand nombre d'années qui s'est écoulé depuis cette première édition, sans cesser de travailler à completter l'ouvrage commencé. Des occasions y contribuerent. Les Académies de Berlin, de Toulouse proposerent pour leurs prix, des sujets de notre reffort. Le bonheur que j'eus de mériter leurs suffrages, joint à ceux qu'obtint le Traité des Sens, m'enhardit à publier le reste avec les améliorations que le temps avoit pu lui procurer; & il étoit prêt dès 1760. Mais les Libraires, à qui je me suis adreffé pour lors, n'ont pas fecondé mes vues; leurs menées m'on conduit jufqu'en 1762, où l'incendie de mon cabinet, arrivé le 26 Décembre, détruifit en un moment ce projet, en confumant mes préparatifs. Depuis cette époque, j'ai employé tout le temps qu'a pû me laiffer une fanté fort délicate, & des occupations très-nombreufes, à réparer une partie de ces pertes. Je dis une partie, car indépendamment du dégoût affreux qu'on éprouve à recommencer un ouvrage,

Tome I.　　　　　　　b

& que j'avoue n'avoir pû vaincre, à l'égard de plusieurs traités d'un travail considérable, il en est que je ne puis me flatter de réparer, quand je le voudrois. Plusieurs productions aussitôt écrites que pensées, m'ont échappé totalement de la mémoire; d'autres ont été le fruit de ces momens heureux du génie qu'on ne doit plus attendre d'une tête presque septuagenaire. Celles enfin que j'ai voulu & pû me rappeller, seront-elles rendues comme elles l'étoient? je le souhaitte plus que je ne l'espere: je n'aurai plus rien à regretter, si le lecteur en est un peu content.

Les deux premiers volumes des trois que je donne aujourd'hui, ont donc été imprimés en 1739. Les additions & corrections du premier sont en si grand nombre, qu'on a été obligé de le réimprimer en entier: Le second, qui comprend le Traité des Sens, reste à peu près, tel qu'il étoit, mais des remarques nombreuses suppléeront à la réimpression du texte. Je n'ai rien changé au systême général qui fait le fond & le caractére de tout l'ouvrage. Vingt-six années n'ont pas suffi pour me faire revenir de ce que je lui trouve de séduisant. Je me défie trop de mes lumiéres & des prestiges de l'amour propre, pour être sûr que je n'aie pas tort. J'apprendrai ce qui en est du public impartial. Voici le plan que je me suis proposé de suivre.

La description de la machine & l'explication de son méchanisme se suivent par tout : J'initie mon éleve dans la Physique du corps humain par les notions générales de cette science; je lui présente d'abord le corps humain comme une machine hydraulique composée de canaux, de liqueurs & de fluides moteurs; j'entre dans le détail de la nature & des fonctions de ces trois puissances de l'économie animale, les parties *solides*, les *liqueurs* & les *fluides*, & je détermine le rang que chacune d'elles tient dans cette espéce de *triumvirat*; j'explique la formation, la solidité, la souplesse & le ressort des solides de nos fibres; je distingue, dans ce ressort, celui qui dépend uniquement de sa structure que je développe, c'est le *reſſort primitif* & celui qui dépend de l'action d'un fluide combiné avec cette même ſtructure, c'est la *contraction* ou le *reſſort organique*. Les propriétés de la fibre ſimple étant connues, j'en compoſe les vaiſſeaux, & j'en déduis tous les phénoménes généraux de ces organes.

Les *liqueurs* du corps humain ont de commun avec toutes les autres liqueurs connues, la liquidité, & elles ont en propre leur compoſition, leur eſpéce, comme le ſang, le chyle, la limphe, la ſéroſité, la bile &c. j'expoſe ſommairement la formation de ces diverſes eſpéces de liqueurs, leurs propriétés, leurs uſages, leurs métamorphoſes, &c.

Les *fluides* de l'économie animale peuvent ſe diviſer en deux claſſes : les uns ſont puiſés, partie dans les fluides de l'univers, comme l'air & la matiére du feu ; partie dans ceux de l'animal même, comme les parties ſalines volatiles de ſes propres liqueurs, & cette première claſſe de fluides entretient le mouvement de liquidité dans les liqueurs, donne la foupleſſe aux folides, leur fert d'aiguillon; mais cet aiguillon même tend à les détruire & en opere en effet la diſſolution, s'ils fe trouvent abandonnés du principe de vie & en proie à fa feule action. C'eſt pourquoi j'ai donné à cette efpéce de fluide actif & diſſolvant, le nom particulier de *fluide cauſtique*, & à fon Antagoniſte, principe de la vie, celui de *fluide con-ſervateur.*

La feconde claſſe des fluides de la machine animale eſt toute puiſée dans la partie la plus pure des fluides de l'u-nivers, auſſi eſt-elle deſtinée à faire ce fluide *conſervateur*, dont je viens de parler, & en même temps le fluide *moteur* & *fenſitif*, c'eſt-à-dire, le prin-cipal inſtrument de l'ame pour le mou-vement & le fentiment ; trois préroga-tives qui le diſtinguent de tous les autres êtres.

On croit communément que ces deux facultés capitales, le mouvement & le fentiment, ont pour organe le même fluide, apporté dans les parties par les mêmes canaux nerveux. Cependant on voit tous les jours des paralytiques doués de beaucoup de fentimens ; & l'on a vu, il y a quelques annés, à Douay, un foldat Suiffe exerçant les mouvemens les plus forts, & n'avoir nul fentiment dans ces organes du mouvement, n'y point apercevoir même l'impreffion d'une aiguille qui y étoit enfoncée de toute fa longueur. Le mouvement & le fentiment font donc deux fonctions diftinctes & exercées par des fluides auffi différens. C'eft ce que j'ai penfé, avant même de favoir l'hiftoire du Suiffe de Douay, & j'ai attribué le méchanifme du mouvement au fluide animal qui coule dans la cavité des nerfs, & celui du fentiment à une efpéce particuliére de ce fluide qui coule dans les filiéres qui compofent les parois mêmes du nerf. Par-là le fluide animal fe trouve naturellement diftingué en fluide *moteur* & fluide *fenfitif*, & chacun a fon organe particulier : ils font même antagoniftes l'un de l'autre, & l'on voit affez fenfiblement, dans les excès de douleur & de joie, dans les accès

vaporeux, que la perte de mouvement
& de connoiffance qu'ils produifent
quelquefois, eft l'effet de la fuppreffion
du fluide moteur arrêté dans la cavité
des nerfs par l'action vive du fluide fenfitif, qui en gonfle les parois, & ferme
par-là cette cavité. Cette découverte,
ou, fi l'on veut, cette conjecture, enri-
chit le fyftême nerveux, la Phyfiologie
& la Pathologie, d'un nouveau principe.
J'aurai occafion, dans mes Ouvrages
de faire voir fa fécondité.

Il réfulte des détails où j'entre fur les
trois puiffances de l'économie animale,
que les fluides qui forment la premiére
de ces puiffances, font les moteurs &
les confervateurs des deux autres, qu'ils
font les inftrumens immédiats dont
l'ame fe fert pour donner à tout le refte
le *mouvement*, le *fentiment* & la *vie.*
Que les folides remués par les fluides
contiennent, remuent & modifient à leur
tour les liqueurs. Que ces *liqueurs* gouvernées par les folides, font en même
temps leurs collegues, qu'elles font équilibre avec eux, & leur fourniffent le

principe de leur mouvement même : enforte que le liquide, qui eft comme l'efclave, le jouet des deux autres puiffances, eft en même temps l'hofpice des fluides, l'émule des folides & la fource de toute la force dont ils jouiffent. Les liqueurs font comme le peuple du corps animé, les folides en font les gouverneurs, & le fluide en eft en quelque forte le maître & le fouverain. Toutes ces puiffances, quoique fubordonnées, font dans une dépendance réciproque ; elles forment une efpéce de corps politique, où tous les refforts font également néceffaires, & où la paix, c'eft-à-dire, la fanté, dépend de l'équilibre entre ces puiffances, & par conféquent de trois fortes d'équilibres ; favoir, équilibre entre les liqueurs & les vaiffeaux, équilibre entre le fluide confervateur & le fluide cauftique ou deftructeur, équilibre entre le fluide fenfitif & le moteur. Des détails que je ne puis rappeller ici, font fentir la néceffité de ces trois équilibres.

En méchanique l'équilibre eft un point

rigoureux, indivisible. Le poids d'un grain & beaucoup moins encore, dans une balance exacte, fait franchir ce point à l'index. Dans l'économie animale, nos trois équilibres ont une certaine largeur, dans l'étendue de laquelle font comprifes toutes les irrégularités qui ne vont pas jufqu'à détruire l'harmonie de leurs combinaifons qui conftituent la fanté. C'eft dans ces différens degrés des trois équilibres que je place la fource des tempéramens divers: tous refferrés dans les limites de cette efpéce de zodiaque de la fanté. Car ce qu'on appelle tempérament n'eft autre chofe qu'une combinaifon des puiflances dont je viens de parler, établie pour la conftitution particulière à chaque individu.

Mon lecteur, inftruit de ces notions préliminaires, ou initié par cette carte générale de l'économie animale, eft cenfé en état d'en étudier les Provinces particuliéres. Les articles qui fuivent ces généralités le conduiront dans cette étude.

La fubordination des phénomenes

régla toujours ma manière d'enseigner; je commence mes leçons détaillées par les organes & les puiſſances qui tiennent le premier rang dans la machine en qualité de principes des fonctions; on voit que je veux parler du cerveau, des nerfs & du fluide animal que j'ai déja annoncé pour l'organe ſouverain de cet empire.

Dans les démonſtrations anatomiques qui précédent les diſcours qu'on lira dans cet ouvrage : démonſtrations que j'eſpere auſſi donner au Public, je fais d'abord connoître ces parties, en donnant leur deſcription, & ſurtout en l'expoſant aux yeux des éleves par des figures nouvelles & exactes , qui parlent beaucoup mieux à l'eſprit, qui, ſans le fatiguer , en l'amuſant même , impriment chez lui, pour toujours, une image nette & préciſe de l'objet; c'eſt une loi que je me ſuis faite pour tout le reſte de l'ouvrage. Non-ſeulement j'y ai fait revivre l'ancienne & bonne opinion , que la dure-mere & la pie-mere, membranes, qui enveloppent le cerveau & ſes appar-

tenances, font vraiment les meres membranes, ou les origines de toutes les
membranes du corps humain, mais j'y
ajoute qu'elles font avec le cerveau &
les nerfs, les principes de la machine
entiére, parceque j'établis que ces enveloppes de la partie moëlleufe de la
tête & de l'épine, ne forment pas feulement les membranes, mais encore les
cartilages, les os, leurs ligamens (1), les
mufcles; & que des nerfs fortent les
tiflus cellulaires, autre fource des membranes, & enfin les glandes, dont les
combinaifons avec les vaiffeaux fanguins
limphatiques, fecrétoires, excrétoires,
& les tiffus cellulaires précédens, forment les vifcéres. On avoit déja penfé
que la dure-mere & la pie-mere contri-
buoient à la folidité des nerfs, mais on

____

(1) M. Du Hamel, dans les Mémoires de l'Académie des années 1741, 42, 43, penfe auffi que les
périoftes produifent les os, les cartilages, les ligamens. Mais outre qu'il n'a point porté fes vues jufqu'aux
mufcles, mon opinion, que j'expofe ici, étoit publique
dès l'année 1739. *Voyez* mon Traité des Sens,
pag. 402.

croyoit que ces membranes ne faifoient
que leur prêter des enveloppes (1), qui
les quittoient en entrant dans les organes (2), & qui en étoient fort différentes (3), puifqu'on croyoit les nerfs
une production de la partie moelleufe
du cerveau (4).

Le célébre Boerhaave a conjecturé que
le nerf moëlleux ou dépouillé des dure
& pie-mere, formoit la fibre mufculeufe;
mais une diffection réfléchie des mufcles de l'œil, & des mufcles frontaux &
occipitaux, &c. eût convaincu ce grand
Phyfiologifte, que la dure-mere feule
& fes productions font les principes des
fibres mufculaires, & non la fibre me-
dullo-nerveufe. Cela peut encore fe démontre raux yeux dans l'enveloppe mufculeufe des ganglions, qui vient de la
dure-mere. Le cerveau & fes enveloppes
font donc, felon moi, comme les racines

------

(1) Boerhaave, n.º 281.
(2) *Ibid.* 283.
(3) *Ibid.* 284.
(4) *Ibid.* 285.

de la vegétation animale. La moëlle du
cerveau & de l'épine eſt comme la ſe-
mence de cette végétation ; elle eſt ce
qu'eſt dans un chêne l'amande féconde
qui produit ce grand arbre ; & ſes
enveloppes , les nerfs , ſont autant de
tuyaux , de filiéres , qui portent , par
toute la machine , ce principe de la
formation & de l'accroiſſement de l'animal, très-analogues encore en cela aux
écorces des arbres , qui ſont auſſi les
principaux organes de la vie de ces ve-
gétaux.

Les nerfs, ayant des fonctions ſi précieuſes, j'ai tâché d'approfondir la ſtructure de ces organes , en les recherchant
par des diſſections exactes dans le vrai
livre du Phyſicien, la Nature (1).

Le fluide, organe du mouvement,
du ſentiment & de la vie de l'animal,
eſt, ſans contredit, la piéce de notre
machine la plus importante , & cepen-

____

(1) *Voyez* le Traité du fluide des nerfs , en attendant ma Phyſiologie anatomique.

dant la moins connue. Son exiſtence, ſa nature & ſes fonctions occupent plus de cent pages de mon livre. Je prouve, avec le plus grand nombre des Phyſiciens, ſon exiſtence & ſon action dans le cerveau, ſon reſervoir, & dans les nerfs, canaux, qui le diſtribuent de ce réſervoir à toute la machine. Quant à ſa nature & à ſon origine que l'on a cherchées juſqu'ici, ou dans les plus ſubtiles de nos liqueurs, ou dans l'air ou dans la matiére du feu, je réfute toutes ces opinions, & l'on devine bien que cette réfutation n'eſt point la partie de mon ouvrage la plus difficile; mais il eſt queſtion enſuite d'établir un ſyſtême ſur les ruines de ceux-ci, & c'eſt là une entrepriſe hardie & délicate: j'ai oſé le faire cependant, & je ne ſai ſi j'ai été ébloui par le faux eſpoir d'une découverte, mais je me ſuis perſuadé d'y avoir obtenu quelque ſuccès; & les ſuffrages de l'Académie de Berlin, qui a honoré de ſes lauriers un ouvrage où j'ai développé cette doctrine de ma

Phyfiologie, m'ont flatté, qu'au moins j'avois plus approché du but qu'aucun demes concurrens.

On fait que l'objet de mon Ouvrage eft l'Homme Phyfique, ou la Machine Animale, confiderée du côté de fa liaifon avec les fluides de l'Univers. Dans ce point de vue, n'ayant égard qu'aux actions, aux modifications de ces fluides engrainés, pour ainfi dire, les uns dans les autres, j'ai fuppofé que l'Univers doit fes mouvemens à un premier fluide, à qui Dieu a imprimé cet attribut; & c'eft ce fluide que j'appelle, avec la plûpart des Chymiftes & quelques Phyficiens, *Efprit univerfel.* Ce fluide moteur devient, par-là, comme le Miniftre de l'Etre fuprême, par lequel il a débrouillé le cahos, donné la vie à fes ouvrages, à l'univers, & par conféquent à tous les animaux qui en font partie; car fi l'homme eft un petit monde, le monde, à fon tour, eft un grand animal, c'eft le maître animal, dans lequel & par lequel vivent tous les autres animaux.

Voilà le principe trouvé; il n'eft plus queftion que de l'appliquer, que del'introduire dans l'économie animale, & c'eft principalement en ceci que m'appartient ce fyftême fi vafte, fi fecond en conféquences importantes. Sa feule expofition & la folution qu'il fournit aux problêmes les plus difficiles de la phyfique du corps humain, le prouvent mieux que tout ce que j'en pourois dire.

D'abord cet efprit incoërcible de fa nature eft lié par affinité à un fluide gélatineux, à un gluten auffi univerfel que lui, puifque j'ai fait voir fon exiftence dans tous les matériaux de l'univers, & en particulier dans les trois régnes, le minéral, le végétal, l'animal, où il a lui-même de très-grands emplois (1). Nous expliquerons inceffamment le méchanifme de cette affinité qui unit ces deux fluides.

2.° S'il eft vrai que l'Auteur de la nature ait voulu que la vie des animaux dépen-

____

(1) Traité du *fluide des nerfs, pag.* 49, 50 & autres.

de

dît de celle du monde même, qu'ils ne
fiſſent enſemble qu'une même machine,
dont les roues fuſſent engrainées les
unes dans les autres ; on pourra trouver
dans les animaux , cette engraînure,
cette communication avec les fluides
de l'univers, & elle ſe fera, ſans doute,
par quelqu'organe de l'animal, qui ſera
néceſſairement & ſans ceſſe ouvert à
ces fluides ; & une preuve qu'on aura
véritablement découvert cet organe,
c'eſt qu'en lui fermant cette communi-
-cation avec les fluides de l'univers,
l'animal ceſſera de vivre. A de pareilles
circonſtances, qui eſt-ce qui ne reconnoît pas l'organe de la reſpiration ?
Eſt-il quelque eſpéce d'animal , de
reptile , d'inſecte, qui ne reſpire pas à
ſa façon ? Les Phyſiciens inſtruits ſavent
que ces fluides groſſiers , l'air & l'eau,
ne ſauroient paſſer des poumons dans
nos liqueurs ; mais ils portent avec eux,
dans ces organes, des familles entiéres
de fluides ſubtils très-capables de pénétrer ces vaiſſeaux, & de s'allier avec les
principes du ſang qui leur ſont les plus

analogues. La maſſe des liqueurs, chargée de ces alliages précieux, paſſe dans
le cerveau, organe deſtiné à ſéparer de
ces familles de fluides les eſpéces de
l'eſprit éthéré, propres aux fonctions ſu-
blimes des organes du mouvement &
du ſentiment. » De ce célébre réſervoir,
» ces fluides ſont portés par les nerfs à
» tous les organes ſubalternes , à toutes
» les parties qu'ils vivifient & animent.
» Là, après un petit ſejour dans les orga-
» nes du ſentiment & du mouvement, ils ſe
» diſſipent dans notre atmoſphére & ren-
» trent par-là dans leur premiére origine.

» Nul animal ne peut ſe paſſer de cet
» eſprit; tous le reſpirent, tous le puiſent
» à leur maniére dans le fluide où ils
» vivent; ceux-ci dans l'air, ceux-là dans
» l'eau, les autres dans la fange : & peut-
» être la diverſité de ces ſources eſt-elle
» une des premieres cauſes de la diver-
» ſité de ces animaux.

» Le fœtus enfermé dans le ſein de ſa
» mere, vit cependant ſans reſpirer:
» mais ſa mere, dont il fait partie, reſ-
» pire pour lui, & il vit d'une vie com-

»mune avec elle. Le sang de celle-ci,
»empreint du fluide animal, passe
»dans le fœtus par des chemins racour-
»cis qui lui sont particuliers. Dès qu'il
»est né, il respire, il se procure à lui-
»même le fluide vital qu'il recevoit de
»sa mere ».

Quand une mere enceinte meurt ou
cesse de respirer, le fœtus meurt bientôt
après, & cependant il a toujours les organes de sa circulation particuliére, &
il n'a fait aucun usage de sa respiration.
D'où vient donc ne continue-t-il pas de
vivre? D'où vient son sang ne circule-
t-il point indépendamment de celui de
sa mere? ce n'est point que la mort de
celle-ci glace les liqueurs du fœtus,
comme on le dit communément, car
les entrailles de la mere sont encore
très-chaudes long-temps après la mort.
Notre systême seul donne la solution
de ce problême..... Ce fœtus a tous
les organes de sa circulation particulière, & il meurt cependant, parceque
sa mere, qui ne respire plus, ne peut
plus lui donner le fluide moteur de ces

organes, ou les liqueurs vitales (1) qui le contiennent.

Comment une explication fi fimple n'eft-elle pas venue à tout le monde? C'eft que mon fyftême en eft la clef; c'eft que le fimple eft fouvent le dernier qui fe préfente à nous. Les différences du fœtus & de l'adulte ont frappé les Phyficiens; ils ont cru y trouver la raifon pourquoi le fœtus fe paffe de refpirer dans le fein de fa mere, & ils n'ont pu revenir de ce préjugé, quoiqu'on leur démontrât le contraire par les expériences précédentes. Ils s'obftinent encore à expliquer par-là ces obfervations, qui nous apprennent, que des Plongeurs, de prétendus noyés ont vêcu plufieurs heures, plufieurs jours fous les eaux. La démonftration la plus claire ne fuffit pas pour détruire une erreur; il lui faut le temps néceffaire

---

(1) Je comprends, fous le terme de liqueurs vitales, le fang, la limphe laiteufe, gélatineufe, & généralement tout ce qui paffe de la mere au fœtus.

pour l'effacer, & laisser sa place aux
vérités nouvelles.

A combien de fonctions différentes
le fluide animal n'est-il pas destiné dans
cette vaste machine ? De combien de
sensations diverses n'est-il pas l'organe ?
Se peut-il qu'une seule espéce de vaisseaux, les nerfs, qu'une seule sorte de
fluide, l'esprit animal, puissent produire
cette nombreuse variété de fonctions.
Je ne le crois pas, & j'espére qu'on en
trouvera dans mon Ouvrage d'assez
bonnes raisons. L'uniformité des moyens
produit nécessairement celle des effets;
& d'une combinaison aussi simple, il
n'en sauroit résulter une variété aussi
étonnante que celle que nous connois-
sons dans les usages de ces principes.
Mais notre souverain constructeur y a
pourvu par des organes qu'on n'a pas
voulu voir jusqu'ici, ou qu'on a vu,
sans en connoître les fonctions. Le cerveau est le grand filtre, le grand réser-
voir du fluide animal, mais il n'est pas
l'unique; les nerfs qui se chargent de la
distribution de ce fluide vital, ont dans

leur trajet des efpéces de nœuds, que les Anatomiftes appellent *ganglions*, que Lancifi a déja nommé des *fubftituts du cerveau*, & que je crois deftinés à diftribuer d'abord la maffe uniforme du fluide animal en plufieurs genres de fluides, proportionnés à un certain nombre de fonctions générales. Nous avons enfuite les *glandes*, ces petits tubercules fi fameux parmi nous, & dont la ftructure & l'ufage font fi peu connus. C'eft une erreur fatale au progrès de la Phyfique du corps humain, d'avilir les glandes à la condition de filtre des liqueurs, comme l'ont fait jufqu'ici tous les Anatomiftes : les uns, ayant à leur tête Malpighy, compofent les glandes de follicules, munis d'un velouté (1). Les autres, d'après Ruifch, ne voyent que des fecrétoires dans cet organe; il

---

(1) Boerrhaave a été un des plus célébres défenfeurs de Malpighy, comme il paroît, fur-tout, par le Commentaire judicieufement critiqué, qu'a fait M. de la Mettrie fon éleve, de l'opinion de fon Maître fur les glandes, & fur-tout de la limphe glanduleufe, que ce grand Profeffeur admet dans fes inftituts.

eſt, ſelon eux, compoſé d'un peloton de vaiſſeaux, & par ce ſeul labyrinthe de filiéres, il devient l'organe des filtrations des liqueurs.

La ſtructure ſeule des vaiſſeaux ſuffit, ſans doute, pour les ſecrétions de leurs liqueurs; nous le démontrerons en ſon lieu; mais les glandes ont tout un autre uſage; ces organes précieux ſont vraiment de petits ganglions, à cela près que ces tubercules ſont formées par les épanouiſſemens des extrémités des nerfs; cette formation eſt viſible dans les *mammelons glanduleux* de la langue. C'eſt le nom que leur donnent les plus fameux Anatomiſtes ; ils ne ſauroient ici me déſavouer. Voilà des houpes nerveuſes qu'ils conviennent être transformées en glandes; par quelle ſingularité biſarre les glandes des autres parties auront-elles une autre origine que ces mêmes extrémités nerveuſes? Rendons à ces organes l'hommage dû à la nobleſſe de leur principe. Ils ſont partie du ſiſtême nerveux, & leurs fonctions naturelles ſont d'être les filtres, les ré-

fervoirs du fluide des nerfs, de donner
à ce fluide les préparations dont il a
befoin pour les différentes fenfations
particuliéres ; tel eft l'ufage des glandes
fituées fous la peau, pour le tact ; de celles de la membrane pituitaire, pour l'o-
dorat, & ainfi des autres. Un fecond
ufage de cet organe tout nerveux, &
pour lequel il s'affocie fouvent avec les
vaiffeaux liquoreux, dont on l'a cru,
par-là, dépendant, eft de recevoir certaines liqueurs lymphatiques dans fes
cavités, d'être le temple où ces liqueurs
fe marient avec le fluide nerveux, &
reçoivent de lui toute l'énergie dont
elles ont befoin pour quelque fonction :
tel eft l'ufage des glandes falivaires, ftomachiques, &c. lefquelles donnent aux
liqueurs de ces organes les efprits qui
leur font néceffaires pour la digeftion (1).

---

(1) Plufieurs Auteurs reconnoiffent que les glandes
ont des nerf qui répandent les efprits dans les liqueurs
filtrées, mais ils bornent cet ufage des efprits à donner
de la fluidité à la limphe. Tels font Gliffon, Silvius,
Vieuffens, Boerrhaave même, felon la Métrie, fon
Difciple & fon commentateur.

Comme les ganglions font des fubftituts du cerveau, de même les glandes
font des fubftituts des ganglions. Le
fluide animal, que verfe le cerveau, trop
uniforme pour la variété des fonctions
auxquelles il eft deftiné, reçoit d'abord,
dans ces ganglions, les préparations, les
alliages, les divifions propres à fervir
aux fonctions générales. Enfuite ces
vicaires généraux du cerveau ont à leur
tour des fubftituts fubalternes, des glandes, lefquelles donnent au fluide animal une troifiéme préparation proportionnée à chaque fenfation, à chaque
fonction particulière.

Le fluide animal feul dans le cerveau,
puis méfallié, pour ainfi dire, avec
toutes ces fubftances roturiéres dans
les différentes organes des fens & du
mouvement, fait donc comme autant
de puiffances différentes. Lié avec les
liqueurs qui circulent dans les vifcéres,
dans le tiffu des parties, il les rend propres aux diverfes fonctions & à leur
donner la vie, la nourriture, l'accroiffement ; je l'apelle ici fluide *animo-*

vegetal. Rallié dans un muscle avec les liqueurs artérielles, il devient le *fluide-moteur.* Dans les organes du sentiment, tant intérieur qu'extérieur, il fait le *fluide-sensitif*, c'est-à-dire, le fluide organe du sentiment, & ainsi du reste.

Les Sensations & les Passions, sont encore de ces phénoménes importans que la Physiologie nous impose la nécessité d'expliquer. J'ai essayé de le faire par les modifications de ce fluide dont je viens de distinguer les espéces ou plutôt les départemens.

Les diverses puissances, dans lesquelles cette distribution le divise, n'étant que les différentes portions d'un même fluide continu, il s'ensuit que la modification excitée dans un coin de la machine, se communiquera, dans l'instant, à tout le fluide des nerfs, & sur-tout par le nerf affecté au cerveau, le rendez-vous général.

Mais quelles sont ces modifications du fluide animal, qui font le principe méchanique des diverses Sensations & Passions ? J'espére qu'on n'exigera **pas** de moi que je les détermine ; tout ce qu'il eſt poſſible de faire, c'eſt d'en donnes des idées approchantes, de fixer l'imagination par des images. Je compare donc d'abord le fluide animal à un lac de lumiére, & ſes modifications, qui font les ſenſations & les paſſions, aux diverſes douleurs ; enſuite je regarde ce lac de lumière comme une eſpéce de caméleon, qui peut changer, d'un inſtant à l'autre, de couleur, c'eſt-à dire, de modifications, de ſenſations, de paſſions.

Des ſimples conjectures, je paſſe à des obſervations, qui tendent à prouver cette théorie par les faits mêmes.

Les caractéres des eſprits font ſans doute combinés avec certains états des nerfs, des ſolides qu'ils animent pour achever d'établir le méchaniſme des ſenſations & des paſſions, & c'eſt par cette combinaiſon que j'explique la joie, la douleur, l'amour, la colére & quelques autres paſſions, ainſi que la correſpondance réciproque entre le fluide des organes & celui du cerveau ; pourquoi l'imagination remue plutôt un organe qu'un autre; pourquoi l'idée d'un mets excite plutôt la faim que l'amour & réciproquement. Enfin je réfute les autres syftêmes des fenfations, dans lefquels on veut qu'elles fe communiquent au cerveau, ou par le reflux des efprits ou par le trémouffement des cordes nerveufes, depuis la partie affectée jufqu'au cerveau, & je fais voir qu'il faut néceffairement en revenir à notre fyftême, qui met le fluide fenfitif dans la partie même, & qui établit fa correfpondance avec celui du cerveau par fa continuité avec ce fluide, & par la communauté réciproque & inftantanée de leurs modifications ou de leurs caractéres. On expliquoit ci-devant le méchanifme des fenfations & des diverfes facultés de l'ame, comme la mémoire, par des traces ou des impreffions faites dans le cerveau. Les modifications ou les differens caractéres des efprits que nous y avons fubftitués, font donc un fyftême nouveau, & nous ofons dire heureux, puifqu'il a mérité d'être adopté par un de nos Auteurs célébres, dans une nouvelle édition de ses Ouvrages(1).

On a coutume de dire, contre les syftémes qui admettent un fluide dans les nerfs, que ces organes ne font pas creux, & on répond communément, qu'il eft vrai qu'on ne leur voit pas de cavités pour l'ordinaire, mais que cela prouve feulement qu'elles échappent à nos fens, comme il eft affez naturel de le penfer; une autre objeétion qui naît des idées mêmes que j'ai données du fluide des nerfs, eft que, quelque cavité qu'on fuppofe dans ces organes, le fluide animal étant plus fubtil que la matiére du feu, que celle de la lumiére, il n'eft pas de nature à être contenu, renfermé à la façon des liqueurs ordinaires; nous en fommes déja convenus, & nous avons prévenu nos leéteurs, qu'il ne peut avoir d'autre prifon, d'autre lien que fon affinité avec les fubftances qui le poffédent ; mais nous

---

(1) Effai phyfique fur l'économie animale par M. Quefnay, feconde édition en trois vol. Paris 1747.

établiſſons en même temps, qu'il réſide & coule dans les nerfs, par l'affinité qu'il a avec un ſuc, une limphe gélatineuſe, que quelques obſervations nous autoriſent à reconnoître dans les nerfs, & qui y eſt contenue à la façon des liqueurs. Cette liaiſon avec la *limphe nervale* par affinité, par imbibition, convient à un fluide tel que l'eſprit animal.

J'avois eſſayé, dans l'Ouvrage que l'incendie a conſumé, de donner un méchaniſme général de cette affinité, par un Mémoire lu à notre Académie, l'année même que j'avois engagé cette Compagnie à propoſer ce ſujet pour ſon prix de Phyſique, & c'étoit cet Ouvrage, compoſé long-temps auparavant, qui m'avoit déterminé à la ſolliciter en faveur de| cet important ſujet. Voilà une de ces pertes pour ma Phyſiologie, que je n'eſſayerai point de réparer, parceque ce Mémoire abſtrait étoit le fruit de pluſieurs années d'expériences & de méditations….. On en a vu les principes ou le germe dans le Traité des

Sens, & on les retrouvera par conséquent dans cette édition, à l'article de la lumiére, où je m'en fers à expliquer méchaniquement l'attraction des rayons, qui produit la réfraction. On les aura un peu plus amples dans mes petits ouvrages Physiques aux articles de la pefanteur & du flux & reflux ; mais ce ne font toujours que des généralités fur le méchanifme de l'attraction, dont les affinités font des efpéces particuliéres fur lefquelles mon Mémoire entroit dans un grand détail. Je dois me borner ici à dire que j'attribue ces affinités à une atmofphére fluide particuliére, qui pénétre & environne les corps en qui l'on obferve cette propriété de s'attirer & de s'unir. Que ce privilége d'avoir de telles atmofphéres, de les avoir plus ou moins puiffantes, ou de telle & telle efpéce, dépend de la denfité propre à chaque corps, de l'efpéce de leur porofité, de celle des familles de fluides que cette porofité admet dans l'intérieur du corps : enforte, par exemple, qu'une atmofphére faite d'une telle famille de fluide attirera un peu le corps A , beaucoup plus le corps B , pour lequel elle abandonnera le premier, parcequ'elle a plus de prife fur le corps B ; & qu'enfin elle en repouffera un troifiéme, parceque celui-ci aura lui-même une atmofphére immifcible avec fa concurrente, & dont les mouvemens inteftins agiffant l'un contre l'autre, les pouffe-ront en fens contraires , ce qui établit le méchanifme de la répulfion. J'ai fait ufage de ce dernier principe dans mes Mémoires fur l'Electricité.

Notre fyftême du genre nerveux, dont j'ai ci-devant donné l'efquiffe, ouvre la plus ample carriére à une théorie des maladies auffi neuve que naturelle. On ne connoiffoit ci-devant, dans cette théorie, que l'équilibre des liqueurs & des vaiffeaux; nous avons de plus, par ces découvertes l'équilibre des fluides cauftic & confervateur, & celui des fluides moteur & fenfitif, dont la réalité n'eft pas moins conftante, & dont les applications font plus claires, plus directes & plus fréquentes.

Si

Si l'on veut remonter aux premiéres
caufes, aux caufes plus éloignées de nos
maladies, on les trouvera encore facilement dans ce fyftême. Les difpofitions
requifes dans nos organes, dans nos
liqueurs pour recevoir le fluide animal
& le retenir; les différens fluides viciés,
avec lefquels il peut fe méfallier avant
d'être introduit chez nous, & même,
après cette époque, dans le cerveau,
dans les ganglions, & fur-tout dans les
glandes, organes de fa préparation &
de fon alliage avec les liqueurs, toutes
ces circonftances, dis-je, nous fourni-
ront des fources nombreufes & intarif-
fables de maladies & de morts différentes.

Dans nos principes, on voit clairement que, ce qui fait la vie, c'eft le jeu
de la machine animale par ce fluide
introduit dans nos organes & nos liqueurs, & lié à ces fubftances par la
proportion requife à cette liaifon.

Cette proportion, cette liaifon man-
quent-elles ? ou ce fluide eft-il vicié,
illégitime, ou fupprimé ou éteint, nous

perdons ou la fanté, ou la vie même,
felon le degré de ces accidens. Par la
propriété établie dans ce fluide de fe
communiquer fes caracteres, la dépravation qui l'affecte dans un coin de la
machine, peut l'affecter, le dépraver,
l'éteindre même dans toute l'économie
animale. Cette circonftance peut feule
expliquer , comment un abcès, une
gangréne locale & fouvent de quelques
lignes feulement de diametre, tles
que j'en ai vus à l'orifice fupérieur de
l'eftomac , peuvent ôter la vie en peu
de momens.

Ce fyftême nous découvre , combien étoit vaine la fpéculation de ceux
qui prétendoient guérir toutes les maladies, & même la vieilleffe, par la tranf-
fufion du fang d'un animal fain , dans
celui d'un malade.

Ils choififoient juftement le fang
vênal dépouillé de tous les principes
qu'ils cherchoient : & quand ils auroient
pris le fang artériel, combien pourroit
durer le bon état de quelques onces
de fang, dans un fujet où tout confpire

à fa deſtruction ? Pour que la transfuſion eût toute la perfection , tout le ſuccès qu'on peut en attendre, il faudroit lier entre les deux ſujets un commerce de ſang artériel & vênal , tout ſemblable à celui qui eſt entre le fœtus & la mere ; & pour le rendre plus parfait & d'un ſuccès plus ſûr , il faudroit conduire le ſang artériel du ſujet ſain,au cerveau du malade par le chemin le plus direct, & le ſang du malade aux poumons du ſain , par la voie la plus courte. Tout cela eſt bien difficile, pour ne pas dire impoſ-ſible, & cependant quand on parvien-droit à exécuter ces manœuvres, quand avec elles, on obtiendroit la guériſon de quelques maladies , on ne pourroit pas encore eſpérer de réparer la cadu-cité de la vieilleſſe ; à cet âge, la ſtruc-ture des ſolides même nous conduit néceſſairement au tombeau, comme on le verra en quelqu'endroit de cette Phyſiologie.

Après cette théorie générale des fonctions du fluide animal conſidéré dans tout le ſyſtême nerveux, j'examine les fonctions dans le cerveau seul. J'obferve que tout ce qui s'y paſſe n'eſt gueres que la répétition des impreſſions des ſens, ou ſeule ou combinée, & que le cerveau, à cet égard, n'eſt lui-même que l'écho des autres organes, leur bureau de correſpondance. Je dis que ce qui ſe paſſe dans le cerveau n'eſt *gueres* que la répétition des impreſſions des ſens : par cette reſtriction, je parois mettre une réſerve à la doctrine preſqu'univerſellement reçue aujourd'hui, & que j'ai adoptée moi-même en très-grande partie, que toutes nos connoiſſances nous viennent des ſens. Partiſan & admirateur de Locke à beaucoup d'égards, je n'ai pu me ſoumettre à ſa doctrine ſur quelques points, & entr'autres ſur l'inexiſtence des idées innées. J'avois traité ce ſujet avec une ſorte d'étendue dans un des diſcours qui précédoient ma Phyſiologie incendiée. Ce diſcours étoit intitulé..... *Notions préliminaires de Métaphyſique utiles à l'intelligence de cet Ouvrage.....* J'y examinois la nature de l'ame humaine, celle de l'ame

des bêtes. Les idées innées trouvoient
là naturellement leur place. Je me rap-
pellerai aifément l'eſſentiel de ce que
j'en difois; il n'y étoit pas queſtion des
preuves que les Defcartes, les Malle-
branches & d'autres Ecrivains ſi célébres en ont données ; je ne voulois qu'y
ajouter un argument, qui, à ce que je
crois, leur a échappé, & qui me paroît
fans replique. Le voici......

On convient généralement que l'homme a pluſieurs chofes en commun avec
les animaux, & l'on ne fauroit nier que
l'inſtinct de notre propre confervation,
qui renferme la recherche & le choix
de ce qui nous eſt utile, & l'horreur de
ce qui nous eſt nuiſible, ne foit de ces
propriétés que nous partageons avec
tout le regne animal. Or cette averſion
née avec nous pour ce qui eſt capable
de nous nuire, de nous détruire, cette
frayeur, à la vue du danger, eſt une
penfée, une idée. Donc il y a des idées
innées, & de ce genre font tous les inf-
tincts, dont le nombre eſt confidérable,
& peut-être plus confidérable encore

qu'on ne penfe; car les goûts décidés que nous avons dès l'enfance, font très-vraifemblablement des inftinǎs. Un feul exemple entre mille pris chez les animaux, prouvera invinciblement que ces idées font innées.

Je vois éclore de la feule couvée d'une poule de ma baffe-cour fix poulets & autant de canards. Ces derniers ne font pas plutôt fortis de l'œuf qu'ils courent fe jetter à l'eau, tandis que la couveufe & les freres de couvée, fur le bord du réfervoir, expriment, par leurs cris, l'effroi que leur caufe le danger où ils croient les petits cannetons.

L'expérience acquife par les fens n'a nulle part aux divers procédés de ces animaux; l'un aime & recherche l'eau, l'autre la craint & l'évite par une idée qu'il a apportée en naiffant. Il eft donc des idées innées, quel qu'en foit le principe, foit la machine, foit une fubftance différente d'elle, foit une combinaifon de l'une & de l'autre; que les Métaphyficiens les comptent maintenant ces idées, ce n'eft plus mon affaire, mais on me permettra de faire un grand ufage de celles-ci dans ma Phyfiologie.

Le détail des fonctions du fluide animal dans le cerveau comprend la mémoire, l'imagination, les paffions même qui reviennent fur la fcéne, car la tête a fa bonne part à leur production, elle les allume auffi-bien qu'elle les réprime. Par-là, elle fait quelquefois notre bonheur, plus fouvent notre tourment. Nous paffons tous ces fujets en revue : nous diftinguons les fenfations, modifications fimples & prefque purement paffives du fluide animal toujours confidéré comme organe de l'ame, d'avec les paffions, modifications actives, violentes, & dans lefquelles le fluide animal fait dans ces grands refforts des entrailles que nous appellons *plexus*, de ces irruptions qu'on connoît fous le nom d'*émotions*, d'*agitations*. Nous expliquons enfuite le méchanifme du genie, de la ftupidité, de la folie, de la raifon, les effets de l'éducation pour développer & perfectionner les facultés

de l'ame. Nous traitons la grande queftion du fiége de cette fubftance penfante, que tout le monde s'accorde à
placer dans le cerveau.

Si l'on veut affigner quelque place à
cette puiffance, il faudra, fans doute,
la mettre dans ceux des organes de la
tête, où elle fait fes fonctions. Mais
puifque ce qui fe paffe dans le cerveau
n'eft que la répétition des fenfations extérieures, que le fiége de ces fenfations
eft dans les nerfs, que les nerfs font une
continuation de la dure-mere & de la
pie-mere, il s'enfuit que les rendez-vous
des fenfations, leur répétition, & par
conféquent toutes les fonctions de l'ame
doivent fe paffer dans ces membranes
du cerveau. En effet, il eft raifonnable
de placer cette fubftance dans un organe qui foit fufceptible de fentiment.
Or nous croyons avoir démontré dans
le traité du fluide des nerfs, qu'il n'y a
dans la tête que ces membranes qui
aient cette propriété.

Je paffe enfuite à d'autres fonctions
du fluide animal, que j'appelle les

Senfations immédiates. J'appelle ainfi celles que nous pouvons recevoir fans l'entremife des organes folides ordinaires, par des impreffions faites immédiatement fur les fubftances qui les animent, c'eft-à-dire, fur les diverfes efpéces du fluide animal, fur l'ame même peut-être en certains cas. Je mets au nombre de ces fenfations la fympathie, les preffentimens, & je donne des principes, par lefquels on peut expliquer ces phénomenes, fans m'affujettir néanmoins à croire, encore moins à garantir tout ce que les Auteurs nous racontent de merveilleux fur ce chapitre.

Après avoir ainfi établi les principes généraux des fenfations, je viens, dans le deuxiéme volume, aux fens en particulier. C'eft cet article, qui a été donné, depuis 26 ans, au Public, fous le titre de traité des Sens, ouvrage muni de 16 planches & de quelque détail anatomique & Phyfique, mais fufceptible d'un beaucoup plus confidérable encore, comme on le verra par le feul article du *fens de l'ouie,* que j'ai traité de nouveau, dans un ouvrage à part, qui fait un troisiéme volume sous le titre de *la théorie de l'ouie*, sujet proposé depuis l'édition du Livre des Sens, par l'Académie de Toulouse. J'en eusse fait autant de l'article de la Vue, si la même Compagnie eût proposé ce sujet après celui de l'ouie, comme j'avois lieu de l'espérer. Mais on comprendra, qu'un Ouvrage, comme celui des Sens, que je voulois faire d'abord à la portée de tout le monde, ne peut admettre que des notions Anatomiques générales & suffisantes pour entendre les usages de ces organes; j'en dis autant des principes Physiques & Géométriques nécessaires aux détails trop savans sur ces usages. Peut-être même trouvera-t-on que je me suis livré avec trop de complaisance à ces détails, pour ce qui concerne le sens de la Vue; mais il m'a été impossible de résister aux attraits de ce sujet fécond, qui m'a fourni les occasions de rendre publiques quelques découvertes que j'avois faites sur ces matiéres; je crois au moins avoir réussi à les y rendre intelligibles au très-grand nombre des Lecteurs.

J'ai substitué à l'attraction Newtonienne, pour l'explication de la réfraction, & de plusieurs autres propriétés de la lumiére, une attraction méchanique impulsive, qui a tous les avantages de celle du Philosophe Anglois, & qui explique même les phénoménes dont *les loix de l'attraction Newtonienne ne peuvent sonder la profondeur*, pour me servir des expressions du célébre M. de Voltaire (1).

En cela j'ai suivi l'esprit de Newton même, qui n'a donné l'attraction que comme le nom d'un effet, ou comme une supposition, en attendant que lui ou un autre en ait trouvé la cause, que ce grand homme savoit bien être une impulsion, puisqu'il a essayé lui-même d'en donner le méchanisme dans les conjectures qu'il a mises à la suite de son optique. » Quelques ignorans, dit Mac- »laurin, Disciple & ami de Newton,

____

(1) Elemens de la Philosophie de Neuton.

»ſe ſont imaginés que les corps pou-
»voient s'attirer les uns les autres par
»quelque charme ou quelque vertu in-
»connue, ſans être pouſſés par d'autres
»corps qui agiſſent ſur eux ; & d'autres
»peuvent avoir penſé qu'une tendance
»mutuelle étoit eſſentielle à la matiére,
»quoique cela ſoit directement con-
»traire à l'inertie du corps. Mais ſûre-
»ment on n'a aucune raiſon d'attribuer
»de telles opinions à M. le Chevalier
»Newton. Il s'eſt clairement expliqué
»que ces principes venoient de l'impul-
»ſion d'un milieu ſubtil éthéré, qui eſt
»répandu dans l'univers & qui pénétre
»les pores des corps groſſiers (1). Il
»paroît, par ſes lettres à Bayle, que
»c'étoit ſon opinion depuis long-temps,
»& que s'il ne l'avoit pas plutôt rendu
»publique, c'étoit ſeulement parce-
»qu'il ne ſe trouvoit pas en état, par
»l'expérience & l'obſervation, de déſig-

---

(1) Ce milieu ſubtil éthéré de **Newton** devroit bien
raccommoder les Newtoniens avec la matière ſubtile de
Deſcartes qui eſt exactement le même Etre.

»ner ce milieu d'une maniere satisfai-
» sante, & d'exposer sa maniere d'opérer,
» en produisant les principaux phéno-
» mènes de la nature (1).

L'accueil favorable qu'on a eu la bonté
de faire au Traité des Sens, me dispense
d'entrer, sur son compte, dans un plus
grand détail.

J'ai seulement lieu d'être surpris que
quelques Auteurs Anglois aient paru
blamer le parti que j'ai pris sur l'attraction, qu'ils l'aient regardé comme une
suite du préjugé de notre nation, &
qu'il leur ait servi de prétexte pour
traiter les principes de Descartes de
notions frivoles & hypothétiques, par
opposition, selon eux, *avec les princi-*
pes solides de Newton.

J'espere que ces Messieurs, aussi amateurs de la liberté que du savoir, ne
trouveront pas mauvais que je prenne
celle de leur répondre ici, 1.° Que le
François, plus admirateur du merite
étranger que de celui de ses compatrio-

---

(1) Maclaurin. découvertes de Neuton. *liv.* 11,
ch. I, n.° 16.

tes, est peut-être de tous les peuples, celui qui est le moins sujet, à cet égard, aux préjugés nationaux. 2.° Que les Newtoniens, en regardant l'attraction comme un principe, comme une cause Physique, portent leur prétention beaucoup plus loin que leur Maître n'a voulu ni pu le faire, & même qu'ils deshonorent sa doctrine, selon Maclaurin. 3.° Qu'il suffit, pour sentir toute l'injustice de leur préjugé là-dessus, & contre Descartes, de se rappeller que les deux principes fondamentaux de celui-ci sont l'*impénétrabilité* du corps & l'*impulsion*, principes incontestables, palpables & avoués des Newtoniens mêmes ; & que ceux qui font la base du Newtonianisme, sont le *vuide* & l'*attraction*. Le premier impossible dans un univers matériel, dont tous les phénoménes dépendent de la contiguïté des corps. »Newton même, dit Maclaurin, *ibid.* »assure ou insinue toujours, qu'un »corps ne peut agir sur un autre qui »est éloigné, que par l'intervention »d'autres corps ». Preuve démonstrative que le vuide parfait admis par Newton, n'eſt qu'une ſuppoſition mathématique pareille à celle du point, de la ligne & de la ſurface en géométrie, pareille à celle du levier ſans largeur & ſans peſanteur en méchanique, &c. Son admirateur & ſon ami, le ſavant & agréable Pope, dit ſi bien, dans ſon Eſſai ſur l'Homme : *Si l'on eſt forcé d'avouer que de tous les ſyſtêmes poſſibles, la ſageſſe infinie a choiſi le meilleur, tout doit y être plein, ou bien les parties de l'univers n'ont aucune liaiſon entre-elles* (1). Or cette liaiſon des parties du monde étant abſolument néceſſaire & avouée de tous les Phyſiciens, la contiguïté générale des matieres ou le plein, eſt une conſéquence bien évidente du dilême de ce célébre Poëte.

Le ſecond principe, (l'attraction), eſt incompréhenſible à ſes propres défenſeurs, & l'on vient de voir que les

____

(1) Of ſyſtems poſſible, if tis confeſt
    That Wisdom infinite muſt from the béſt
    Where all muſt full, or not coherent be.

Newtoniens raifonnables fe gardent bien de le donner pour une caufe, pour un principe, mais feulement pour un effet, une hypothéfe qui, étant admife, donne les moyens d'expofer ou plutôt de calculer jufte les phénoménes céleftes *aftronomiquement*, fi l'on peut dire, mais avec laquelle on eft bien éloigné de les expliquer *phyfiquement*. Qu'on compare donc maintenant la folidité des deux principes Phyfiques de Defcartes, *l'impénétrabilité* & *l'impulfion*, avec le creux de ces deux autres en fait de Phyfique, le *vuide* & *l'attraction*, & qu'on décide enfuite de quel côté eft le préjugé national.

Je ne dirai rien des François, à qui le Traité des Sens n'a déplu que pour y avoir trouvé ces fentimens que nos voifins regardent comme des opinions Françoifes; je m'en confole avec les Anglois, qui les ont lus, traduits en leur langue, & ne les ont pas blâmés.

On voit par ce que je viens de dire, que les caufes phyfiques, méchaniques, font la bafe de toutes mes explications,

autant

autant qu'en eſt ſuſceptible une machine
gouvernée par une ſubſtance ſouveraine, qui en partage pour le moins tous
les phénoménes, & ſur laquelle le méchaniſme n'a aucune priſe. Ainſi on ne
trouvera ici, ni les facultés des Anciens,
ni leurs vertus occultes, renouvellées
ſous des noms plus ſpécieux par quelques
modernes. J'ai même évité, autant que
j'ai pu, de me ſervir des cauſes finales
que les derniers emploient avec tant
de confiance, pour rendre raiſon de
l'exiſtence & de l'uſage de pluſieurs
organes. Pourquoi les os du viſage ont-
ils des ſinus, ou ſont-ils creux ? C'eſt,
répondent-ils gravement, pour rendre
la tête plus légére ; il eſt douteux qu'une
tête plus légére d'une once ou deux
vaille mieux qu'une autre plus ſolide
& moins fragile ; mais en ſuppoſant que
cette légéreté ſoit une perfection, toujours ne ſera-ce qu'une utilité réſultante de la ſtructure creuſe de ces os,
& non pas la raiſon, la cauſe efficiente
de ces cavités, de ces ſinus. Vous ne la
connoiſſez pas cette cauſe ; eh ! avouez

Tome I.   e

le de bonne foi ; qui vous force d'en dire plus que vous n'en favez ? Que de phénoménes de cette efpéce dans le *microfcôme*, fur lefquels votre ignorance eft auffi complette & auffi excufable ; on vous faura gré au moins de votre jugement & de votre droiture , en ne nous donnant pas de la fauffe monnoie pour de la bonne. On vous tiendra compte de votre refpeſt pour le fuprême Architeſte, en ne vous ingérant point de mefurer fes vues fublimes avec vos projets bornés , de compromettre fa fcience & fa fageffe infinie avec les foibles lueurs de vos connoiffances.

Sans doute qu'il a fait l'œil pour voir & l'oreille pour entendre , mais il ne vous a point révélé les caufes fecondes, qu'il a employées à ces admirables conf-tructions; ce font autant d'énigmes qu'il vous propofe à deviner ; faites le, fi vous le pouvez, ou faites en ce qu'il vous eft poffible : mais ne nous donnez pas la propofition de l'énigme même pour une folution, ou le but qu'a eu l'Etre fuprême en formant telle partie, pour la caufe

par laquelle il l'a conſtruite ; au moins, ſi vous alleguez ce but, faites le comme ſi vous nous diſiez... « Je ne ſai pas com-
» ment l'Auteur de notre exiſtence s'y
» eſt pris pour faire méchaniquement ma
» langue ; mais je ne doute pas que l'ayant
» deſtinée à me donner les facultés de
» parler & de gouter les alimens, il n'ait
» placé, dans le principe de la conſtruc-
» tion générale de la machine, des
» moyens de produire cet organe, ainſi
» que tous les autres, qui ont chacun
» leur deſtination ». C'eſt en ce ſens que j'ai été forcé moi-même de recourir aux cauſes finales dans le mémoire ſur la théorie de l'ouie, organe dont toutes les parties ont une ſtructure marquée au coin de leur deſtination, & dont il eſt plus difficile de concevoir la formation méchanique, que celle d'aucun autre piéce de notre machine, qu'on regarde déjà comme au-deſſus de notre intelligence à cet égard.

Cependant ceux qui croient hono-
rer notre Créateur, en lui faiſant produire chacun de nos organes, comme

Tome I. e 2 *

par miracle, ou par un ordre particulier pour chacun d'eux, n'en font pas moins, felon moi, dans l'erreur. J'ai du Souverain Etre une idée bien plus fublime, bien plus majeftueufe, bien plus digne de lui, ce me femble, en penfant que fa fuprême fageffe, en créant l'univers, a choifi un fyftême, dans lequel la combinaifon des matériaux & des caufes fecondes mifes en jeu par fa puiffance, a produit tous ces mondes par milliers, & tous les êtres qu'ils renferment (1); que le germe d'un homme en particulier contient les matériaux & les agens, d'où réfulte toute fa ftructure. Un exemple développera cette penfée.

Réuniffons dans un feul palais tout ce que les Rois de la terre ont fait de merveilleux en ce genre, tant en bâti-

---

(1) C'eft le fentiment des plus favans Péres de l'Eglife, Saint Athanafe, S. Auguftin, S. Gregoire de Nyffe.... Voici ce que dit le dernier fur la création.... *Quand Moïfe nous apprend que le monde a été créé dans le commencement, cela fignifie que Dieu a créé les puiffances & les caufes formatrices du monde, & qu'au premier acte de fa volonté divine tout a exifté.*

mens qu'en jardins, en eaux de toutes
efpéces, en décorations des uns & des
autres, en fpectacles, en machines:
raffemblons y dans ce dernier genre,
tout ce que les Vaucanfons de tous les
fiécles ont inventé de merveilleux: l'Architecte, qui auroit conçu & exécuté
un pareil projet, la réunion des chefs-
d'œuvres d'un grand nombre de fes pré-
décefleurs, feroit cenfé l'auteur du
chef-d'œuvre des chefs-d'œuvres. Mais
fi à cette immenfité & à l'ordre admirable de cette collection de merveilles,
l'Ingenieur avoit ajoûté l'art plus admirable encore de les avoir combinés de
façon qu'un feul & même principe moteur les mît toutes en jeu, il pafferoit,
fans doute, pour un homme incompa-
rable. Quelle idée plus fublime ne devons nous pas avoir du fuprême Architecte, tirant du même principe, non-
feulement le jeu, mais encore la formation de toutes les parties de l'économie
animale, de toutes celles de l'univers!
C'eft à ces traits que je reconnois l'Etre

des Etres, & fa fcience auffi infinie que fa puiffance.

Dans le grand, comme dans le petit monde, vous trouverez un mêlange de défauts & de perfeftions, d'utilités & d'inconvéniens, que vous ne fauriez concilier avec la fageffe du Créateur que par ce fyftême.

Dans l'univers, ce même mouvement qui l'entretient & qui opére la formation, l'accroiffement de tant d'individus, les détruit auffi. La chaleur, qui féconde les zônes tempérées du monde, brûle les habitans des fables de la Lybie: Cette pluie, qui fertilife la terre, inonde & ravage quelquefois des contrées entiéres & ruine toujours les chemins. Le même terrein, qui porte des plantes falutaires & des animaux qui nous nourriffent & nous fervent, en porte auffi qui nous tuent.

Cette fraicheur de la région fupérieure de l'atmofphére, qui condenfe les vapeurs & les convertit en pluie, fource des fontaines & des riviéres, fait auſſi de la grêle, qui eſt un vrai fléau.

Ce feu central naturel & eſſentiel à la terre, qui y produit des mines ſi riches & ſi utiles, qui, joint à la chaleur du ſoleil, fait l'ame de la végétation, le principe de la vie & de la nourriture de tous les animaux, devient auſſi le principe des tonnerres, celui des volcans, celui des fiévres malignes, épidémiques, autant de fléaux du monde. Réciproquement ces fléaux, ces accès de volcans, qui ébranlent les fondemens du globe, ſe font jour au travers des goufres qui les renferment ; l'Ethna vomit des torrens de flammes & de laves, & la Sicile recouvre la paix. Dans cet autre Veſuve du petit monde, une fiévre ardente & contagieuſe, un délire fougueux annonce une mort prochaine ; du ſein même de ce foyer terrible s'élance une éruption critique & ſalutaire, qui expulſe le levain morbifique & guérit le malade.

Cet orage affreux, qui menace tout un pays d'embraſemens, & qui l'effectue quelquefois, lui rend, par ſes pluies

abondantes, les efpérances d'une moif-
fon féconde, qu'une fechereffe exceffive
lui avoit ôtée.

Ce même flux & reflux , qui couvre
tant de terres qui feroient habitées, qui
en mine & ravage tant d'autres, en produit un plus grand nombre encore par
les plages qu'il abandonne , & par les
alluvions de tous genres qu'il tranfporte
des bords & du fond des mers fur ces plages. Ce même mouvement de l'Océan,
qui femble devoir envahir le continent,
& qui le fait quelquefois, apporte dans
nos ports des vaiffeaux, qui, fans lui,
n'y entreroient jamais. D'un autre côté,
cette mer , qui nous communique les
richeffes des deux mondes, qui rend
voifins & fréres tous les hommes , les
engloutit auffi.

Le Navigateur, qui porte du Havre
à Paris ce qu'il a été chercher aux In-
des, voudroit que la Seine eût un cours
direct entre ces deux Villes; mais toutes
les contrées où elle ferpente fe trouvent
très-bien de fon cours tortueux. Si la
Seine eût été droit au Havre, les pre-

miers auroient-ils eu raifon de croire
que ce cours direct eût été fait exprès
pour eux ? Les peuples, qu'elle vifite
dans fes diverfes inflexions , ne feroient
pas mieux fondés à alléguer leur propre
utilité pour rendre raifon de cette figure.

Le plus beau fleuve a des bancs de
fable & des rochers dangereux ; tous in-
conveniens indifpenfablement attachés
au méchanifme formateur de toutes ces
chofes. Sans les Senfations & les Paffions , l'homme n'étoit qu'un automate , & ces affections néceffaires à fa
perfection , font la fource de tous fes
vices. Il falloit qu'il fût capable de
beaucoup de mouvemens , doué de
beaucoup de foupleffe , que , pour cela ,
des ligamens uniffent fes membres faits
de piéces rapportées , que des parties
molles environnaffent & continffent la
plus grande partie de fes vifcéres : &
cette ftructure donne lieu aux luxations,
aux hernies, aux contufions, aux bleffures de toutes efpéces. En un mot, tout
le mal Phyfique & moral eft l'inconvénient inévitable du plus grand bien , qui

a été le but principal de l'Auteur de toutes chofes dans le méchanifme général qu'il a choifi pour l'exécution de fon plan. Il y a plus, c'eft qu'il y a des accidens, auxquels le méchanifme même qui le produit, apporte auffi le reméde. Vous l'avez déja vu dans la force de ces effervefcences fouterraines, qui caufent les tremblemens de terre, & qui vomiffent les vapeurs enflammées, dont l'expulfion rend le calme aux habitans du continent, dans ces fiévres contagieufes, dont l'ardeur pouffe au-dehors le miafme mortel, & guérit par là la maladie. Il n'y a pas plus de merveilleux dans ces grands événemens qui infpirent tant de terreur, & fouvent, par cette raifon, tant d'erreurs, que dans celui d'une foupe au lait, qu'un feu trop vif met en effervefcence, & force de fe répandre fur ce même brafier qu'elle éteint, d'où renaît le calme. Il eft mille exemples de cette efpéce & en grand nombre dans la nature ; l'ignorance, les préjugés & les paffions mettent du prodige dans les chofes les plus fimples. Autrefois il ne

venoit pas de comète, qu'elle ne fût
le préfage de la révolution des Etats,
de la mort des Grands , &c. Aujour-
d'hui on n'a plus de peur des comètes ;
on ne croit plus à leurs préfages ; mais
la mort des Grands affecte encore affez
certains efprits , pour y chercher des
caufes finales , extraordinaires , furna-
turelles , bonnes à la vérité à alléguer en
certains cas , dans l'ordre moral, mais
non pas dans l'ordre phyfique. Quand'
notre lampe s'éteint faute d'huile ,
qu'elle eft étouffée par les charbons de
fa mêche, ou foufflée par le vent, nous
n'avons garde d'y trouver rien de merveilleux ; cependant la vie d'un homme
s'éteint comme la flamme de ma lampe,
& un Grand eft un homme. Dépouillez
les événemens fameux de tous les accef-
foires qui leur donnent ce titre ; redui-
fez les au fimple fait phyfique , vous
verrez prefque toujours difparoître les
prodiges & les vraies caufes s'offrir d'elles-mêmes.

Je mets au rang des caufes finales
ces principes célébres.... *La nature ne*

fait rien en vain... Elle ne fait rien par faut.... Elle fait tout aux moindres frais poſſibles.... Elle va à ſon but par la voie la plus courte..... Elle eſt uniforme dans ſes procédés.... Toutes raiſons en ſous-ordre, excellentes ſans doute, parcequ'elles ſont fondées ſur ce premier principe bien certain, que l'Etre ſouverainement ſage , ne peut avoir choiſi, pour exécuter ſon projet divin que les moyens les plus expédiens , & que ſa ſouveraine ſageſſe ne peut jamais s'écarter de cette conduite : mais outre que ces raiſons ne ſont pas des cauſes Phyſiques , c'eſt qu'elles ſouffrent une infinité d'exceptions indiſpenſablement attachées à la combinaiſon des cauſes ſecondes, à la néceſſité du méchaniſme.

Par la *raiſon de la moindre action....* ou *de la voie la plus courte ,* le cours de la Seine de Paris au Havre , ne devroit être, comme je l'ai déja remarqué, que d'environ 45 lieues, & il eſt de plus de cent. Mais, par ces grands contours, ce fleuve porte , dit-on, la fertilité, le commerce & l'abondance dans une plus

grande étendue de terroirs. Je vois en
cela une utilité réſultante d'une irrégularité, d'un inconvénient ; mais je ne
puis y trouver une cauſe Phyſique ; ſi je
la cherche cette cauſe, je l'aurai bientôt rencontrée dans les montagnes,
dans les rochers qui bordent ſon cours
& primitivement dans le peu de pente
de ſes eaux.

Les circonvolutions des inteſtins ren-
trent dans le cas des ſinuoſités de la
Seine ; elles étendent conſidérablement
les ſources de la ſecrétion du chyle, &
la rendent, par-là, plus riche, plus
complette ; mais que d'inconvéniens
compenſent cette utilité ; le long ſéjour
de la pulpe alimentaire dans ces circonvolutions, donne ſouvent des maux
de tête, des vapeurs, &c. produit des
corps durs, à demi pétrifiés ; quelquefois
des coliques horribles : dans d'autres
cas, des excoriations, des ulcéres, des
excroiſſances, des skirres mortels.

L'accouchement ſuit bien la régle de
ne *rien faire par ſaut* ; mais que d'ac-
cidents dangereux ſuivent les dilatations

prodigieufes , quoique lentes & graduées , auxquelles cette loi affujettit ! N'eft-il pas vifible qu'elle n'a lieu, cette loi , dans cette importante fonction, que par la néceffité du méchanifme ? N'eût-il pas été infiniment plus expédient , plus admirable par conféquent, que les organes de la génération & de l'accouchement euffent eu, pour chacune de ces fonctions, des iffues particuliéres qui y fuffent proportionnées? Utilités que le plus chétif Architecte fait fi bien procurer aux portes de nos édifices, de nos baffe-cours ; Utilités effentielles, que le méchanifme général, à laquelle la conftruction de notre machine eft foumife, a fans doute rendue impoffible.

Les trois volumes, que je donne aujourd'hui au Public , font moins le payement d'une dette contractée avec lui depuis long-temps, que le gage du payement total que je travaille à lui faire. Je parle furtout de ma Phyfiologie : & le volume que je lui donnai, l'an paſſé, ſur le fluide des nerfs & ſur ſon action dans les muſcles, en font partie ; on peut le regarder comme le développement & la ſuite de ce que je donne ici , ſemblable en cela à la théorie de l'Ouie , qui eſt le ſupplément à ce que j'en ai dit dans le Traité des Sens. Tous ces ouvrages ne ſortent pas du domaine de la premiére partie de ma Phyſiologie, qui eſt la tête : encore y eſt-elle privée de la partie anatomique de tous les organes qu'elle contient, laquelle eſt conſidérable , & que j'ai toute faite, à quelques planches près, qui reſtent à graver. Je ſuis moins avancé ſur les viſcéres de la poitrine , du bas-ventre & leurs uſages; mais je le ſuis cependant aſſez, pour eſpérer qu'en peu d'années de vie & de ſanté, je ſerai en état de les offrir au Public. J'ai évité, dans cet Ouvrage, les détails volumineux d'érudition Anatomique & Phyſique, qui accablent & dégoûtent pour l'ordinaire un lecteur; j'ai tâché de ne lui préſenter que l'eſſentiel, l'intéreſſant, & d'y mêler des obſervations propres à l'attacher, à l'amuſer même. Ce ſont des repos que j'ai cru devoir lui ménager, & ſemer de quelques fleurs, dans un voyage auſſi long, auſſi pénible que celui où je l'ai engagé. J'ai fondé ſon goût par le Traité des Sens ; ſi je n'ai pas réuſſi à m'y conformer dans le reſte de ma Phyſiologie, j'aurai manqué mon but.

Dans l'édition de 1739, je promettois, à la ſuite de cette Phyſiologie, une Pathologie-Thérapeutique fondée ſur les principes de la premiére, & appuyée d'un grand nombre d'obſervations. Quoique la perte que j'ai faite dans l'incendie de 1762, de vingt années de ces obſervations recueillies en particulier à l'Hôtel-Dieu, rende l'exécution de ce Projet un peu plus difficile, cependant j'ai encore le cannevas de cette Pathologie, que j'enſeigne chaque année dans mon école, & il me reſte, pour le remplir, beaucoup de matériaux, tant de ceux qui ont échappé à l'incendie, que de ceux que j'ai recouvrés. Ainſi il ne me manquera vraiſemblablement

que

que du temps, ſi je ne remplis pas ma
premiére promeſſe. D'où vient la vie
des hommes, qui conſacrent leurs veil-
les à la recherche des vérités utiles au
genre humain, n'a-t-elle pas la durée
de celle des chênes ! Dans la premiére
centaine d'années, ils aprendroient
tout ce qu'on ſait déja ; dans la ſeconde,
une partie de ce qu'on ne ſait pas encore :
& dans la troiſiéme, ils l'enſeigneroient
aux autres ; c'eſt alors qu'on feroit des
progrès. L'Art eſt trop long pour des
jours auſſi courts que les nôtres.

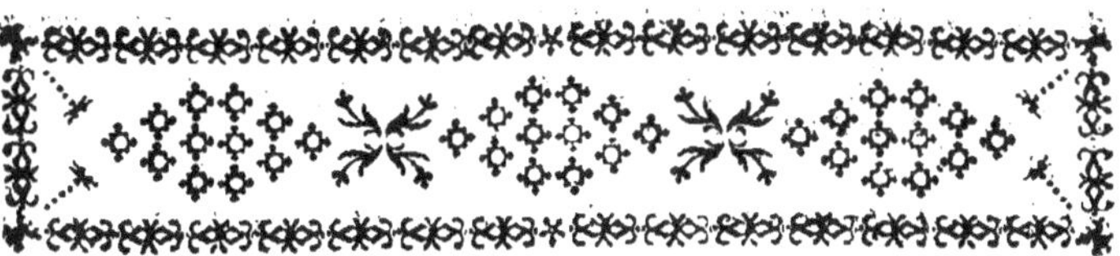

TABLE
DES MATIERES
Du Traité des Sensations & des Passions en général.

Phyſiologie des Senſations & des Paſſions , généralités.

II. Partie, des Liqueurs.

Le Chyle.

Le Sang.

III. Partie, des Fluides.

Fluide animal.

Résumé de ce Discours.

Des Tempéramens.

Des Senfations & des Paffions.

Du fluide animal dans le Cerveau.

DES MATIERES. XCV

Fin de la Table des matiéres.

DISCOUR9

DISCOURS

SUR

L'UTILITÉ ET LA NÉCESSITÉ

DE

L'ANATOMIE,

OU L'ON PROUVE,

que ses connoissances les plus profondes sont nécessaires aux Médecins, aux Chirurgiens, & qu'il est très-avantageux à tous les hommes d'en avoir des notions suffisantes.

Mortel ta science suprême
Est de te connoître toi-même.

Tome I.   A

AVIS

Concernant le Discours sur l'utilité & la nécessité de l'Anatomie.

Je prononçai ce Discours en Décembre 1736, à la premiére ouverture des leçons publiques de l'Ecole Chirurgicale de Rouen, établie sur une des portes de la Ville, nommée *Porte Bouvreuil*. Je n'avois pas encore les Patentes de Démonstrateur Royal ; elles ne me furent accordées qu'en 1738. L'établissement de notre Amphitéâtre est dû à la protection que m'accorda M. de Pontcarré, pour lors Premier Préfident du Parlement de Normandie, qui me soûtint chaudement contre tous les obstacles que le préjugé a coutume d'opposer à de pareils établissemens, surtout en Province ; & ceux que je rencontrai à Rouen furent très-considérables. MM. de Ville, & MM. les Administrateurs de l'Hôtel-Dieu voulurent bien concourir avec lui à cette bonne œuvre.

La Ville me donna la *Porte Bouvreuil*, l'Adminiſtration m'aida à y conſtruire l'Amphitéâtre, & m'y fournit des ſujets tirés de l'Hôtel-Dieu. On verra dans le ſecond volume, que le Parlement lui-même a ſoutenu mon zéle de ſes bontés généreuſes : bontés que cet auguſte Corps, & ſon Chef actuel m'ont continuées depuis en toutes occaſions : je n'ai garde de laiſſer échapper celle-ci, de donner à ces illuſtres Bienfaiteurs cette marque publique de ma reconnoiſſance.

DISCOURS

SUR

L'UTILITÉ ET LA NÉCESSITÉ

DE

L'ANATOMIE.

AÎTRE, vivre & mourir, font, Messieurs, le période nécessaire & commun à tous les hommes. Naître sans accident, vivre sans douleur, mourir le plus tard qu'il est possible, c'est le sort peu commun des

A 3

ELOGE
de l'Ana-
tomic.

favoris de la nature, c'eſt le but des arts les plus utiles & les plus précieux. Celui de tous que ce ſoin regarde de plus près, c'eſt l'art de guérir *. Cette deſtination, nous apprend, Meſſieurs, que ſon origine n'eſt pas beaucoup moins ancienne que celle du monde. Il la doit aux miſéres humaines ; & l'homme a été miſérable, preſqu'auſſitot qu'il a commencé d'être. Les infirmités, les maladies de toute eſpéce, ſont comme attachées à ſa nature ; au moins ce ſont des déſordres inevitables dans une machine auſſi compoſée, auſſi frêle que la notre, expoſée au choc des corps qui l'environnent, à l'impreſſion des flüides qui la pénétrent, obligée de ſubſiſter au milieu des êtres, & par des ſubſtances qui lui ſont quelquesfois ſi peu proportionnées. L'homme n'a donc pas plutôt commencé de vivre, qu'il a été forcé de recourir à notre Art pour vivre en ſanté.

Peut-être que les premiers hommes plus robuſtes ou plus ſages que nous, ont été moins valétudinaires. Peut-être que l'obſcurité impénétrable de la plûpart des maladies internes, les aura longtemps empêchés d'y chercher des remédes, & que la nature qui ſe charge aſſez ſouvent de ces ſortes de cures, les aura fortifiés dans cette indolence ; mais

---

* On regarde ici la Médecine & la Chirurgie comme un ſeul & même Art, comme elles étoient d'abord, & comme elles devroient être pour le bien public.

les accidens preſſans des maladies palpables, telles que des fractures, des luxations, des plaies, les auront contraints d'imaginer les ſecours ſimples qu'ils exigent ; le ſimple les aura conduit au compoſé, & l'extérieur à l'intérieur. C'eſt ainſi que ces néceſſités & les expériences réitérées ont fait par degrés des Chirurgiens, des Médecins.

On devine aſſez quelle eſpéce de praticiens étoient ces premiers fondateurs de notre Art : mais enfin les temps ont accumulé les expériences. Les Sciences ſe ſont établies ; on a ouvert des cadavres, des animaux vivans. Les ſacrifices preſcrits par la religion ont commencé ces inſpections curieuſes, dont la ſuperſtition a ſi ſouvent abuſé. Les réflexions ſur le rapport de ces parties avec les nôtres, ont ouvert les yeux ſur une autre eſpéce d'utilité de cet examen, infiniment plus précieuſe & plus raiſonnable. On a commencé à ſentir que l'art de réparer notre machine, ſuppoſe la connoiſſance de ſa ſtructure ; on l'a recherchée avec application dans l'état de ſanté, dans celui de maladie, enfin on a commencé à raiſonner & à jetter tout de bon les fondemens d'un véritable art de guérir.

Qu'elle eſt l'époque de cet établiſſement, Meſſieurs ? l'Anatomie cultivée, chérie par les plus grands hommes. Le monde n'a commencé à avoir des Médecins méthodiques

ELOGE de l'Anatomie.

Néceſſité de l'Anatomie en général.

A 4

que quand il a eu des Démocrites, des Hip-
pocrates, des Ariftotes, les plus célébres
Anatomiftes de ces temps reculés. Suivez
l'hiftoire de la Médecine, depuis ces ref-
pectables fondateurs jufqu'aujourd'hui, &
vous verrez que fes progrès ont exactement
fuivi ceux de l'Anatomie, que dans les fiécles
où celle-ci a été négligée, la pratique mé-
dicale a été un pur charlatanifme, un cahos
d'erreurs, & la Chirurgie une routine aveugle & barbare.

Savez-vous quelle étoit l'étude favorite
de notre illuftre Defcartes, qui a renouvellé
la face de toutes les fciences? Vous vous fi-
gurez ce grand Geométre & prince de la
faine Philofophie, uniquement occupé du
foin de fonder un nouvel empire; vous vous
le repréfentez, appliqué tout entier à paffer en revue les efpaces immenfes de l'univers, à y diftinguer les mondes fans nombre
qu'il renferme, à ranger leurs matériaux, à
les mouvoir enfin par une caufe méchanique
commune & générale. Une fcience non
moins fublime, mais plus utile; l'Anatomie,
Meffieurs, partageoit avec la Phyfique & la
Geométrie les précieux momens du grand
Defcartes. Auffi fage, mais bien plus éclairé
que Démocrite, on le trouvoit fouvent occupé, non-feulement à contempler comme
lui les merveilles de la nature, dans la ftructure des différens animaux, mais encore à

diriger ces fpéculations au but le plus louable & le plus intéreffant, la confervation &
la perfection du genre humain. Son exactitude alla fi loin dans l'examen des moindres
parties de l'animal, que pas un Médecin de
profeffion, dit l'Hiftorien de fa vie * ne pouvoit fe vanter d'y avoir pris garde de plus
près que lui. Defcartes lui-même affure,
dans une lettre au Pere Merfenne, que par
des recherches anatomiques de onze années,
il s'étoit rendu cette fcience fi familiére,
qu'il n'y avoit point de parties dans le corps
humain, fi petite qu'elle parût, dont il n'eût
connoiffance, & dont il ne crût pouvoir expliquer la formation par les caufes naturelles. On le voit perfuadé dans fon livre de la
Méthode, que ces connoiffances le conduiront infailliblement, non-feulement à connoître les maladies du corps, & à prolonger la vie, mais même, ce qui vous furprendra peut-être, à guérir celles de l'efprit: l'efprit, dit-il, eft fi dépendant du
corps, que s'il eft poffible de trouver quelque moyen de rendre les hommes plus fages & plus habiles qu'ils ne font, je crois
que c'eft dans la Médecine qu'on doit le
chercher. Il déclare, qu'il eft dans le deffein
d'employer toute fa vie à la recherche d'une

* *Baillet, vie de Defcartes*, in-4.º tom. 1, p. 196,
127.

science si nécessaire, & il espére être sur la voie de cette grande découverte.

Qui a pu suggérer au grand Descartes, un projet si vaste, si admirable, si digne de lui, si téméraire même en apparence pour tout autre que lui? C'est une connoissance profonde des ressorts les plus secrets de notre machine, de ces organes nerveux, dont les diverses constitutions forment les différens caractéres, les différens génies; constitutions dont les dépravations accidentelles transforment quelquefois l'homme le plus sage en furieux, & le plus spirituel en imbécille. Nous avons des plantes, telles que le *Solanum Maniacum*, le *Stramonium*, capables d'exécuter en nous ces transformations pernicieuses. Seroit-il possible que la nature si attentive à mettre les antidotes à côté des poisons, nous eût prodigué des moyens physiques de nous rendre stupides, insensés & méchans, & ne nous en eût accordé aucuns pour devenir plus spirituels, plus raisonnables & plus gens de bien? N'imputons point tant de barbarie à la mere des humains, n'accusons que notre peu de sagacité de n'avoir pu découvrir encore chez elle des secours si importans.

Ces vues sublimes, & vraisemblablement plus solides qu'elles ne le paroissent d'abord, font des conséquences d'une Anatomie profonde & méditée, par des génies tels que

celui de Defcartes ; mais cette fcience n'a
befoin ni de l'autorité d'un nom fi célébre ,
ni de la gloire de pouvoir atteindre à un but
fi merveilleux, pour être révérée & cultivée
comme une connoiffance des plus utiles &
des plus néceffaires. Elle mérite déja tous
ces titres, fi nous prouvons ici qu'elle eft le
premier flambeau de l'art de guerir ; qu'elle
eft pour nous ce que la Carte marine eft au
Navigateur , ce que la fcience de la conftruction & du méchanifme d'une montre eft
à un Horloger.

La maladie eft un dérangement des fonctions de nos parties. Peut-on connoître ces
dérangemens , & ignorer ces fonctions ?
Saura-t-on les défordres particuliers qui
arrivent dans la machine , fi l'on n'eft pas
inftruit de l'ordre qui doit y régner ? Et fi
l'on ne connoît pas l'efpéce de ces défordres ; comment y remédier ?

Frélons de notre Art, vous que le foleil
couchant a laiffé fimples prêtres , fréres
lays , artifans, ou moins encore ; & que
l'aurore prochaine retrouve Médecins tranf-
cendans & univerfels , quel Dieu vous a
prodigué tant de favoir en un feul moment?
Comment vous arrive-t-il de guérir quelquefois des maux dont vous ignorez la
nature, avec des remédes que vous ne connoiffez pas mieux? J'ai furpris votre fecret :
je vous ai vu, aveugles guériffeurs, ne douter

ELOGE
de l'Ana-
tomie.

de rien dans les circonſtances les plus délicates , les plus dangereuſes , & je vous ai
retrouvé indécis & tremblans dans les occaſions les plus ſimples & les plus favorables
au triomphe de l'Art. Allez, ceſſez de nous
en impoſer ; votre métier n'eſt qu'un jeu de
hazard , un breland ſacrilége , dont la vie
des hommes eſt le jouet infortuné. Par quelle
fatalité oſe-t-on riſquer d'abandonner ſes
jours en des mains mépriſables , auxquelles
on ne confieroit pas la moindre partie de ſa
fortune ! Ne nous départons point, Meſſieurs, de nos principes inconteſtables ; pour
traiter méthodiquement une maladie , il faut
la connoître, & l'Anatomie eſt ſans contredit la premiére clef de cette ſcience.

On convient aſſez unanimement qu'il faut
avoir une idée générale des principales
piéces de la machine & de leur jeu pour
exercer notre Art : le public même eſt convaincu que l'ouverture & la diſſection des
cadavres des gens morts de certaines maladies, peuvent donner de grandes lumiéres
pour traiter dans la ſuite ceux qui pourroient
en avoir de pareilles , & nous voyons tous
les jours le fils nous prier d'ouvrir le cadavre
de ſon pére, l'ami nous faire examiner celui
de ſon ami ; cependant ils ignorent une des
utilités eſſentielles de cette opération ; ils
ignorent que ces recherches ſi directement
utiles à la pratique, ne le ſont pas moins au

progrés de l'Anatomie même qui leur fert déja de flambeau. Combien de maladies ne font que des dépravations d'organes par des accroiffemens des infinimens-petits qui les compofent & qui dans leur état naturel échappent , non - feulement aux meilleurs yeux , mais encore aux plus excellens mi-crofcopes? Ces exagérations maladives de-viennent donc pour un Anatomifte éclairé, ce que nous avons de plus précieux en ob-fervations. Elles font pour lui des efpéces de microfcopes plus parfaits , plus fidéles que ceux que la Dioptrique lui fournit ; elles font exemptes des illufions de l'Optique. Elles font fur la grandeur réelle des objets ce que le microfcope ordinaire ne fait que fur leurs images fouvent phantaftiques & trompeufes. C'eft ainfi que M. Littre a vu dans un foye , fans le fecours de la diop-trique, des glandes confidérables , où il étoit aifé de diftinguer leurs figures & toutes leurs appartenances effentielles. * C'eft ainfi qu'il a obfervé la figure des reins développée, de la maniére la plus évidente pour les yeux d'un Phyfiologifte clairvoyant. * * C'eft ainfi que les inflammations du cerveau montrent les fubdivifions prodigieufes des vaiffeaux de

---

* *Hiftoire de l'Académie des Sciences de Paris,* année 1701 , p. 51.
* * *Ibid.* 1705 . *p.* 111.

ce viſcére, beaucoup mieux que les injec-tions les plus ſubtiles : c'eſt par le même effet que les glandes de pacchioni paroiſſent quel-quefois ſi ſenſiblement dans les ſinus de la dure mere ; c'eſt enfin par ce moyen que le curieux obſervateur peut découvrir & dé-couvre réellement chaque jour des parties des ſtructures nouvelles, que toutes les pré-parations anatomiques ne lui auroient pas fait ſoupçonner.

Mais ceux mêmes qui ſont aſſez raiſon-nables pour convenir des utilités précé-dentes de l'Anatomie, me demanderont, où nous menent ces recherches profondes & minutieuſes. Ils voudront ſavoir, par exem-ple, à quoi nous ſervent ces deſcriptions exactes des petits muſcles qui remuent la langue & le goſier ; ces détails ſcrupuleux ſur la ſituation des viſcéres, ſur la diſtribu-tion des vaiſſeaux & des nerfs, cette anato-mie fine enfin ou plutôt obſcure, où l'on ne va que le microſcope à la main ?

L'illuſtre Fontenelle l'a dit avant nous, Meſſieurs ; *on traite volontiers d'inutile ce qu'on ne ſait pas* , & ce dont l'acquiſition coute-roit beaucoup à l'eſprit ; *c'eſt une eſpéce de vengeance* , ajoute le même auteur. L'Anato-mie fine eſt la plus épineuſe & la plus igno-rée ; c'en eſt aſſez pour être regardée com-me inutile, même par des gens de l'Art ; mais ceux qui penſent ainſi, ignorent ſans

doute que ce qu'ils affectent de méprifer eft
la plus fublime Anatomie , la partie tranf-
cendante de cette fcience ; que c'eft dans ces
infinimens-petits anatomiques que fe paffent
les opérations les plus fecrettes & les plus
effentielles de la machine ; que c'eft là où
réfident les caufes de la fanté & de la maladie, que le microfcope, les préparations &
les autres inventions ingénieufes en nous in-
troduifant dans ce fanctuaire de la nature nous
initient dans les plus grands de fes myfté-
res où nous devons être fes miniftres ? Vous
ne voyez pas encore bien clairement l'utilité de toutes ces fpéculations ? Amaffez toujours des découvertes : le fyftéme entier de
la nature dépend d'un certain nombre que
vous n'avez pas encore ; en attendant leurs
beautés ont bien de quoi vous dédommager.

Mais je m'apperçois que le défir de favoir
vous donne une louable impatience ; votre
imagination vive & féconde veut aller au-
devant des faits trop lents à s'amaffer avec
ceux qu'elle a déja récueillis , elle fe promet
de dérober à la nature le refte du fecret
qu'elle s'obftine à nous cacher. Laiffez lui
prendre un noble effor ; quittez le microfcope , pourfuivez ce qu'il vous a découvert,
avec les yeux de l'efprit , & fuppléez par des
conjectures fenfées à l'infuffifance des fens :
c'eft par l'efprit qu'on voit le plus furement ;
quand on voit évidemment. Il eft des con-

ELOGE
de l'Ana-
tomie.

jectures qui valent presque des démonstra-
tions, parcequ'elles sont si liées à celle-ci,
qu'elles ne font qu'achever ce qui y manque
ou même les prévenir. Descartes a imaginé
des cribles méchaniques dans les organes des
filtrations; après lui Malpighi, Ruisch, Wins-
low les y ont démontrés. C'est ainsi qu'en
Physique, Pythagore, Copernic, le même
Descartes, Kepler, &c. ont inventé & per-
fectionné ce système du monde, ces loix du
mouvement des astres, dont Villemont, le
grand Newton, Maclauren, Gamaches, de
Moliéres, Fontenelle, &c. ont démontré
la réalité & calculé les rapports. C'est ainsi
que le même Copernic, cent ans avant l'in-
vention des télescopes, prédit à la postérité,
que si elle trouvoit un moyen de perfectionner la vue, elle verroit que les planetes, telles que Vénus, changent de phases
comme la lune, & cette prédiction s'est ac-
complie. S'il est d'un génie profond & solide
de faire son capital de l'expérience, il est
aussi du génie le plus sublime, du génie créateur, d'aller par les observations à un systé-
me général, dont tous les phénomenes
soient des conséquences nécessaires.

J'avoue que le pays des conjectures est
un désert; c'est une mer, si vous voulez,
mais cette mer a un ciel & des étoiles: le
cours de la nature connu, nous conduit à
l'inconnu. Il est dans ses opérations une certaine

taine analogie, une forte d'uniformité qui est un guide affez fidele pour un obfervateur attentif, éclairé & inftruit des loix générales qui en réfultent.

Vous venez de voir, Meffieurs, combien l'Anatomie fine & fyftématique eft recommandable ; c'eft par des motifs plus preffans encore qu'on doit cultiver avec ardeur les autres efpéces d'anatomie exacte & fcrupuleufe. Tous les jours de fa vie un praticien a des occafions d'en fentir la néceffité : Il arrive, * par exemple, qu'une perfonne bleffée par une pierre qui lui eft tombée fur l'épaule, fe trouve prife d'un grand mal de gorge, elle ne peut plus avaler d'alimens, de médicamens ; elle a la voix dépravée, la langue embaraffée, elle ne parle qu'en bégayant ; on accable la gorge de topiques, qui n'ont d'autres effets que d'augmenter la fuffocation. Un Anatomifte vient, il voit qu'un coup reçu fur l'omoplate, a offenfé le petit mufcle, ** qui delà fe porte à l'os hyoïde, il tranfporte les médicamens de la gorge fur l'épaule, & guérit bientôt l'une & l'autre.

On raconte de Galien, qu'un citoyen de Rome, tombé de fort haut, étoit démeuré

---

* *Voyez les deux thefes du célèbre M. Winflow, fur l'utilité de l'Anatomie, & où j'ai puifé comme dans d'excellentes fources.*

** *Le Caftohyoïdien.*

Tome I.   B

les mains engourdies; des Médecins, qui avoient apparemment une idée bien générale de l'Anatomie, chargeoient ces mains malades de remédes qui ne faisoient rien ; Galien est mandé, il traite l'épine d'où les nerfs des mains prennent leur origine, & il guerit cet engourdissement. Que seroit-ce, Messieurs, si j'entrois dans le détail des affections sympatiques, & des stratagémes que joue le genre nerveux dans presque toutes les maladies? A quelles erreurs n'est pas exposé le Médecin qui ne connoît pas les distributions, les communications de ces fortes de vaisseaux.

Mais il n'en est aucune espéce dont le Chirurgien ne doive avoir la connoissance la plus exacte, s'il ne veut courir le risque des méprises les plus funestes à son honneur, & à la vie des malades qui lui sont confiés. Citons en un exemple entre mille dont nous avons été témoins.

Un jeune homme est affligé d'une tumeur à une des parties qui caractérisent son sexe : il assemble des gens de l'Art, les avis sont partagés ; les uns pensent que la tumeur n'est qu'une dilatation des vaisseaux sanguins qui vont arroser cette partie. Les autres placent la maladie dans la substance même de l'organe principal ; ils le croient ménacé d'un accroissement schirreux, & déja l'on médite une extirpation dangereuse : Un dernier

examinateur de ce mal eſt un Anatomiſte,
ſes doigts diſtinguent du paquet des autres
vaiſſeaux, le canal de la liqueur particuliére
à cette glande, ils le ſuivent dans ſon trajet.
Enfin ce conſultant obſerve que la tumeur
n'eſt que l'engorgement de ce canal & ſa dilatation, par une eſpéce de retention de la
liqueur qui doit y couler; il le fait toucher
au doigt à ſes Confrères qui ſont forcés
d'en convenir; le malade engagé dans un
célibat, que ſon temperament n'avoit
point ratifié, ſentit que l'expoſé de l'Anatomiſte dévoiloit tout le myſtére de ſon
mal: il en avoua la cauſe ingénuement ; cet
aveu acheva de confirmer la déciſion de ce
conſultant, & ne laiſſa plus aucun doute ſur
la nature de la maladie, que les remédes
diſſipérent en peu de temps.

Quand on touche certaines gens maigres
à l'épigaſtre, ou vers le creux de l'eſtomac,
on ſent un battement d'artére conſidérable :
on a cru autrefois que c'étoit l'artére cœliaque, ſituée vers l'épine ſous l'eſtomac, &
l'on a ſouvent imaginé ou une dilatation prodigieuſe de ſes parois ou des dérangemens
de parties, & l'on a quelquefois tourmenté
le prétendu malade par des traitemens inutiles. Une Anatomie plus exacte a montré
que le battement obſervé, eſt celui de la
grande artére de l'eſtomac que la maigreur
colle, pour ainſi dire, aux tégumens, & que

cette fituation & ce battement très-naturels dans ces fortes de perfonnes, n'ont pas de quoi les allarmer.

Mais où brille l'utilité de l'exactitude anatomique fur les vaiffeaux, c'eft principalement dans l'ufage des faignées; ce détail nous meneroit trop loin, il ne faut qu'ouvrir l'ouvrage célébre de M. Silva pour s'en convaincre.

On a penfé jufqu'ici que la poitrine étoit partagée en deux cavités égales. L'Anatomie fcrupuleufe a trouvé que la cloifon médiaftine incline vers le côté gauche, & que par là, elle rend la cavité droite plus grande. Il ne faut pas croire, Meffieurs, que ce foit là une minutie. Eu égard aux bleffures, aux dépots, aux épanchemens dans ces régions, & aux opérations qu'on doit y pratiquer, vous fentez de quelle importance il eft que dans nos jugemens fur ces bleffures, que dans les ouvertures auxquelles nous obligent ces épanchemens, ces dépôts, nous ne prénions pas une cavité pour l'autre, & le poumon droit pour le poumon gauche. Il en eft de même de la fituation précife de tous les vifcéres. Nos péres ont crû que le poumon gonflé d'air enveloppoit le cœur de toute part, & ils n'ont obfervé aucune différence entre le nerf diaphragmatique droit & le gauche : l'Anatomie fcrupuleufe a trouvé que le rebord inférieur antérieur du poumon gauche, eſt creuſé pour recevoir la pointe du cœur, qu'il ne fait que l'entourer, & que celle-ci va frapper les côtes voiſines, qu'enfin le nerf diaphragmatique gauche plus long que le droit, fait une inflexion vis-à-vis de la pointe du cœur, avant que de ſe plonger dans le diaphragme. A quoi bon ces détails me direz vous ? Le voici ; vous avez un point douloureux ſous le ſein gauche avec des palpitations qui vous mettent aux abois ; vous ne ſavez à quoi vous en prendre ; vous avez recours à toutes ſortes de remédes qui, donnés au hazard, ne vous procurent aucun ſoulagement. Etudiez-vous avec des yeux anatomiſtes, vous allez vous apperçevoir que votre cœur frappe avec violence contre la parois de la poitrine, qu'il bleſſe le nerf diaphragmatique, & que ce dernier irrité produit tous ces accidens. Après cette découverte, le reméde vous eſt facile, vous vous couchez ſur le côté droit, vous éloignez par-là le cœur du côté gauche, vous affoibliſſez les pulſations précédentes, & vous guériſſez ſubitement vos douleurs. N'êtes vous pas entiérement gueri? Vous connoiſſez la cauſe du mal, vous appliquez des topiques ſur la région du nerf rendu trop ſenſible, vous faites les remédes qui diminuent l'impétuoſité du reculement du cœur, en un mot, vous travaillez en homme éclairé, & le ſuccès répond à vos lumiéres.

L'utilité de l'Anatomie exacte est sensible dans tous ces cas. Elle l'est encore davantage dans ceux qui regardent nos opérations ; j'en ai rapporté quelques exemples , & j'en ajouterois un grand nombre d'autres, si je ne craignois de perdre le temps à prouver des vérités que personne ne révoque en doute. En effet, comment un Chirurgien pourroit-il se passer de connoître parfaitement la structure des parties qu'il est obligé de réduire, de rajuster, de réunir? Comment s'y prendroit-il, pour fouiller dans des organes , ou pour y passer des instrumens, s'il n'en savoit tous les détours? Avec quel péril, n'enfonceroit-il pas l'instrument tranchant dans notre propre substance, s'il ne connoissoit le labirinthe des vaisseaux de toute espéce dont elle est tissue; s'il ne savoit à chaque coup qu'il donne les parties qu'il coupe & celles qu'il évite ? N'est-ce pas à cette science, plus cultivée dans ce siécle, qu'on doit les progrès évidens de la Chirurgie moderne, & ces succès éclatans de nos opérateurs familiarisés avec les coups de main les plus délicats & les plus hardis? Au reste, de l'aveu de tous les hommes , l'art de disséquer , de préparer , de démontrer cette merveilleuse machine, a fait de tout temps l'appanage propre du Chirurgien, comme il fait la base de toutes les parties de l'art de guérir.

Mais on pouffe plus loin, Meffieurs, le difcernement & l'amour pour les beaux arts dans le fiécle où nous fommes. L'Anatomie n'eft plus une fcience qui faffe tant d'horreur, & qu'on abandonne aux feuls Chirurgiens, aux Médecins, aux Philofophes. On commence à furmonter cette répugnance de pur inftinct, cette prévention populaire, cette pitié mal entendue pour des cadavres infenfibles, cette piété aveugle pour une maffe purement materielle ; l'œil philofophique regne aujourd'hui prefque univerfellement : l'on voit enfin, que jamais on ne peut mieux employer un mort qu'à l'inftruction & au falut des vivans. Qu'il eft beau de chercher les moyens de prolonger la vie dans la mort même ; d'épier, pour ainfi dire, cette cruelle, jufques fur fon thrône, pour découvrir fes ftratagêmes, & tirer de fes propres victoires le moyen de la vaincre.

Toutes ces vérités philofophiques ont percé à la fin, & la Philofophie a même été dans quelques-uns, jufqu'à léguer en mourant leurs corps pour fervir à des ufages fi utiles. Je le répéte, Meffieurs, ce font là des effets du difcernement & du goût de notre fiécle pour le beau & pour le folide. On a voulu de tout temps, qu'un homme bien né connût un peu la terre qu'il habite, les aftres qui l'environnent & qui l'éclairent, le fyftême du monde qu'ils forment, & les phé-

ELOGE
de l'Anatomie.

I V.
L'Anatomie eft utile à tout le monde.

noménes qu'ils offrent. On fent aujourd'hui que nous avons en nous un monde auffi admirable, auffi fécond en phénoménes que celui que contemplent les Aftronomes, & qui nous intéreffe encore beaucoup plus. La ftructure du petit monde peut être mife en parallele avec le fyftéme du grand ; c'eft l'abregé de fon immenfité, & il n'en eft que plus admirable de raffembler tant de merveilles dans un fi petit efpace ; mais penfez encore que cette ftructure, cet abregé, ce monde de merveilles, c'eft nous-même : la circulation du fang & la révolution des aftres peuvent aller de pair ; mais ce fang qui circule eft en nous, & tous les momens de notre vie dépendent de cette révolution. Que Saturne perde fes Satellites, ou qu'il les retrouve *, cela m'intéreffera peut-être comme fingulier, comme curieux ; mais que j'aie au foie, au poumon des tubercules, des ulcéres, ou que je n'en aie point, voilà ce qui m'intereffe plus que toutes les planetes, plus que les aftres, les cieux, plus que tout le monde enfemble.

Auffi le ciel n'a parmi les hommes que quelques Aftronomes, & cela fuffit de refte ; mais l'œconomie animale aura bientôt au-

---

* *Bruit qui couroit alors. C'étoit apparemment le cinquiéme fatellite qui difparoit, lorfqu'il eft dans la digreffion orientale.*

tant d'Anatomiſtes qu'il y a d'hommes, &
il n'y aura rien de trop. Il eſt avantageux à
tout le monde de ſe connoître. Il y a des
Chirurgiens & des Médecins qui ſont char-
gés de cette étude, me direz-vous. En verité,
Meſſieurs, il n'eſt que de voir clair à ſes propres affaires, & pour peu qu'on y voie, on
y voit toujours mieux qu'un autre, parcequ'on y regarde de plus près. Si cela eſt vrai
pour les affaires ordinaires, cela doit l'être
à plus forte raiſon pour la vie. Je ſuppoſe
que votre Médecin eût autant d'attache-
ment pour vous que de lumiére & de péné-
tration, encore faudra-t-il que vous étudiiez
votre maladie, & que vous lui en faſſiez un
rapport exact; c'eſt ſur ce rapport qu'il vous
traite; or comment le ferez vous ce rapport
exact, ſi vous ignorez les parties affectées,
ſi vous n'avez pas au moins une teinture
paſſable de la ſtructure de la machine & de
ſon méchaniſme? L'Anatomie, Meſſieurs, eſt
donc la ſcience du Philoſophe, par le merveilleux qu'elle préſente, celle du Médecin
& du Chirurgien, par le beſoin indiſpenſa-
ble qu'ils en ont, & celle de tous les hommes, par le concours de ces deux motifs.

ELOGE
de l'Ana-
tomie.

PHYSIOLOGIE.
DES SENSATIONS.

PREMIÉRE PARTIE.

Des Senſations & des Paſſions en général;

*Contenant les Diſcours * ſur 1.° les puiſſances de l'économie animale; 2.° le fluide animal, ſon origine, ſa nature, ſes fonctions pour les Senſations & les Paſſions dans les organes des Sens, extérieurs & intérieurs, dans le cerveau, ſes méninges, &c.*

---

* Toute ma Phyſiologie a la forme de Diſcours, parcequ'elle eſt le reſultat de mes Leçons publiques, qui ſont autant de Diſcours prononcés dans mon Amphithéâtre.

PHYSIOLOGIE

DES SENSATIONS

ET DES PASSIONS.

Généralités de la Physiologie.

'HOMME ou le corps humain, Messieurs, objet de cette Physiologie, est ce merveilleux composé *d'organes, de liqueurs & de fluides*, dont le jeu méchanique lié aux opérations d'une substance capable de fentiment & de penfées *, produit la vie & tous les phénoménes qui en dépendent.

C'eft à l'Anatomie, Meffieurs, que nous devons la connoiffance de ces Organes, de ces liqueurs, & de toute la ftructure fenfible de cette machine.

La Phyfiologie va plus loin ; munie des découvertes de l'Anatomie, éclairée de principes, puifés dans les diverfes parties de la Phyfique ; aidée des fecours que ces fciences réunies peuvent prêter à ces fortes de recherches, elle pénétre la nature & les

---

* *Sans renoncer à toutes les lumiéres du bon fens, on ne peut fe perfuader que les organes & les fluides feuls de l'animal puiffent lui dònner la vie, le mouvement, le fentiment. Sentir, c'eft penfer, & la penfée ne peut être un attribut de la matiére. Cette vérité a été démontrée par tant d'ouvrages, qu'il feroit fuperflu de s'y arréter. Defcartes en a fait le premier de fes principes, & la preuve fondamentale de notre exiftence..... je penfe, donc je fuis..... Un fentiment intérieur fe joint donc au raifonnement le plus refléchi, pour nous faire admettre une ame immatérielle, préfent. de la Divinité, qu'il a unie par des liens que nous ignorons, aux fluides, aux organes de notre machine ; elle y eft le fujet unique de la fenfation, de l'action, & c'eft de cette fubftance fuprême qu'ils tiennent la faculté de fentir, & l'épithéte qu'on leur donne de fenfibles, auffi bien que celle de fenfitif & de moteur, que j'ai donné aux fluides des nerfs, le premier des organes de l'être penfant pour ces facultés. C'eft en ce fens qu'il faut entendre toutes les expreffions de cette efpéce repandues dans cet Ouvrage.*

propriétés des folides & des fluides, même
de ceux qui échappent à nos fens , elle en
examine les rapports & les combinaifons ,
elle en décrit le jeu, l'action, les fonctions ,
& devient par-là *la fcience complette de l'homme
phyfique.*

. En un mot, l'Anatomie expofe la ftructure
des organes , & la Phyfiologie en developpe
le méchanifme.

On appelle *méchanifme* une difpofition re-
guliére de parties & de puiffances motrices,
dont le jeu produit néceffairement un effet
déterminé.

Lorfque ces parties & ces puiffances font
douées de la vie, comme dans les animaux
& les plantes , ce méchanifme fe nomme
plus proprement *organifation.*

Et le compofé de ces parties & de ces
puiffances, eft ce que nous appellons *organe.*

Le jeu de l'organe eft appellé *action* ; telle
eft la contraction ou le battement du cœur.

L'effet déterminé qui réfulte de l'action de
l'organe remué par les puiffances légitimes,
fe nomme *fonction* ; ainfi la circulation du
fang eft la fonction du cœur, ou l'effet qui
doit réfulter de fon action.

On appelle ces actions & ces fonctions
vitales, quand elles font une dépendance
néceffaire du méchanifme général , qui donne
le mouvement & la vie à toute la machine.

Tome I.

PHY-
SIOLO-
GIE.

Ce que
c'eft que
mécha-
nifme.

Organi-
fation.

Organe.

Action.

Fonc-
tion.

Vitale.

telle eſt l'action du cœur , la fonction du cerveau.

On les nomme *animales*, quand elles ſont des effets plus libres du principe qui anime la machine ; tel eſt le mouvement des jambes pour marcher.

Les organes qui entrent dans la compoſition du corps humain ſont ſimples & compoſés.

Il n'y a de vraiment ſimple dans les organes, que la fibre élémentaire, qui eſt dans l'économie animale , ce que le fil de chanvre , de laine , de coton , de ſoie , eſt dans nos manufactures.

La *membrane* eſt un tiſſu de ces fibres ou paralleles entr'elles , ou entrelaſſées ; elle devient analogue à nos toiles ou à nos étoffes.

Le *ligament* eſt une de ces toiles très-ferrées & très-fortes , ſervant à lier enſemble diverſes parties.

Le vaiſſeau eſt une toile roulée en cilindre, & formant un canal ; on l'appelle *capillaire*, quand il eſt fin comme un cheveu ; & on le nomme *filiére*, quand il eſt plus fin encore, & ſurtout lorſqu'il joint à cette fineſſe beaucoup de roideur, comme dans les os.

L'*os* eſt donc la partie la plus ſolide de notre machine, le ſoutien & le rempart de toutes les autres, compoſé d'un tiſſu de ces filiéres.

Le

Le cartilage eſt une partie blanche & ſou-
ple, qui tient un milieu entre la nature mem-
braneuſe & oſſeuſe.

Les *organes compoſés* ſont entr'autres , les
muſcles, les glandes, les viſcéres.

Le *muſcle* eſt tout ce que le vulgaire appelle *chair*; c'eſt un compoſé de fibres capables de contraction & de relachement
volontaires, & par-là il devient l'organe du
mouvement des autres parties : *le tendon* eſt
une corde blanche qui fait la queue ou l'extrémité du muſcle. On appelle cette corde
aponevroſe , quand elle eſt plate & mince
comme du ruban , ou comme une toile.

La *glande* eſt un grain ou globule ordinairement ferme , formé par l'épanouiſſement
d'une où de pluſieurs extrémités nerveuſes,
& du concours des extrémités d'autres vaiſſeaux liquoreux. On regarde la glande comme le filtre ou l'organe de la ſecretion ou ſe-
paration de certaines liqueurs de la maſſe du
ſang, telle que l'urine, la ſalive, la bile, &c.
On verra dans notre Ouvrage, ce qu'on doit
penſer de cette opinion.

On la diviſe en glande conglobée, à qui
la définition précédente convient , & en
conglomerée , qui eſt un aſſemblage de pluſieurs glandes conglobées.

Les *viſcéres* ſont des organes compoſés
d'un grand nombre des organes précédens ,
comme de fibres , de membranes, de glan-

Tome I.   C

des , de nerfs, de vaiſſeaux , &c. & conte-
nus ou ſuſpendus dans quelqu'une des cavités , ou régions principales , dans leſquels on
diviſe le corps humain.

Les régions ou parties principales dans
leſquels on diviſe le corps humain ſont la
tête , ou *le ventre ſupérieur*, *la poitrine* ou *le
ventre moyen ; le bas-ventre*, ou *le ventre inférieur* , & les extrémités tant ſupérieures
qu'inférieures. Celles-ci n'ont de remarqua-
ble que la grande quantité des muſcles , qui
les meuvent & les couvrent.

Le *bas-ventre* contient les organes qui forment, ſéparent & portent le chile ; ſavoir,
l'eſtomac , les inteſtins , le mezentere ; ce
dernier porte les vaiſſeaux lactés ou chileux : il loge auſſi ceux qui fourniſſent les
ſucs néceſſaires à la fabrique du chile , comme la bile filtrée dans le foie, le ſuc pan-
créatique dans le pancréas, & la liqueur de la
ratte , il renferme encore les organes de la
ſecrétion de l'urine & ceux de la génération.

La poitrine ou le ventre moyen , contient
principalement les organes de la reſpiration
qui ſont *les poumons* , & ceux de la circulation qui ſont *le cœur* & ſes appartenances.
Celui-ci pouſſe les liqueurs compriſes ſous
le nom de *maſſe du ſang* à toutes les parties,
par des canaux ou vaiſſeaux qu'on nomme
artéres , & ces liqueurs reviennent delà au
cœur par d'autres vaiſſeaux qu'on appelle des
veines.

La tête ou le ventre supérieur contient *le cerveau, le cervelet* & *la moëlle allongée*, filtre & reſervoir du fluide principal organe du ſentiment & du mouvement ; elle renferme auſſi l'origine des principaux nerfs qui portent ce fluide à toutes les parties , enfin la tête contient tous les organes des ſens où ce fluide exerce ſes plus brillantes fonctions.

La connoiſſance de la ſtructure de tous ces organes , eſt ſans doute abſolument néceſſaire à la Phyſiologie , & particuliérement à la doctrine des ſenſations en général & des ſens en particulier , objet de ce volume : auſſi toutes nos leçons Phyſiologiques ſont précédées de la démonſtration des parties , & nous aurons ſoin d'en donner un extrait à chacun des articles que nous aurons à traiter.

PHY-
SIOLO-
GIE.

PHYSIOLOGIE.
DES
SENSATIONS.

Fig . 1.

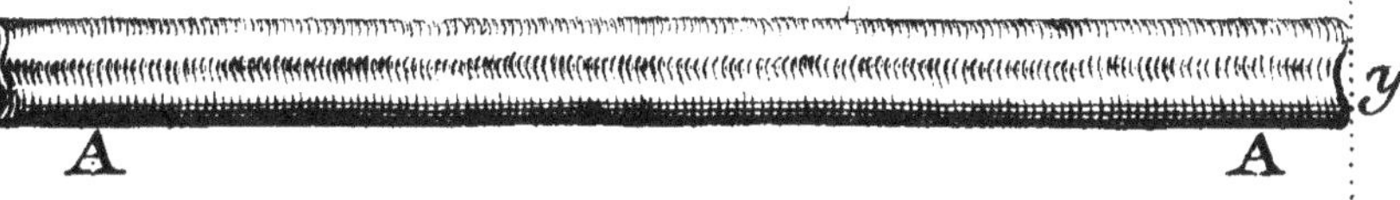

F. 2.

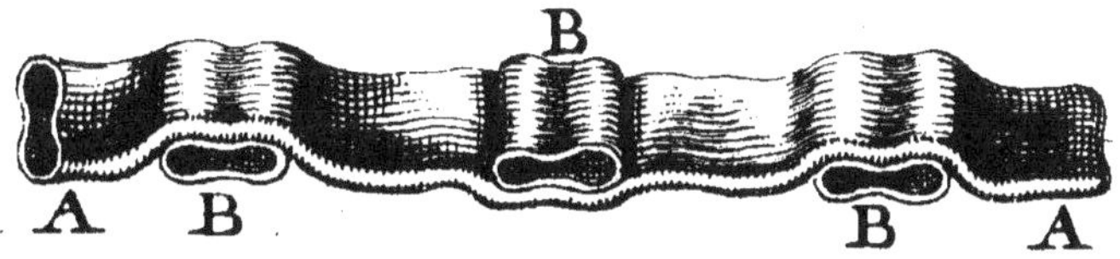

F. 3.

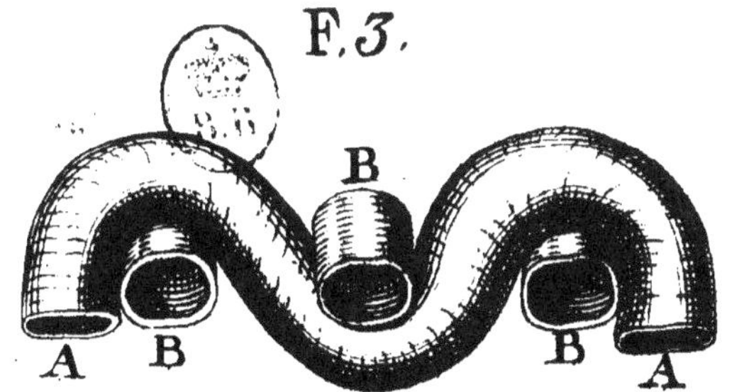

DES PUISSANCES
de l'œconomie animale.

TOUT ce qu'il y a de matériel dans l'homme, Messieurs, compose une machine, & cette machine est du genre des Hydrauliques ; on y voit des canaux sans nombre, on y découvre des liqueurs de toutes espéces, & l'on y soupçonne un fluide qui donne le jeu à tout ce pompeux appareil : c'est sur cette espéce de triumvirat que roule toute l'Œconomie animale, & c'est lui, Messieurs, qui fait le sujet & le partage de ce discours.

Discours prononcé à l'ouverture des Cours de l'hyver de 1737, le 27 Févr. 1738.

PREMIERE PARTIE.

DES SOLIDES.

SI les yeux nous découvrent un nombre prodigieux de vaiſſeaux * dans le corps humain, le raiſonnement fait plus; il nous convainc, que tout ce qu'il y a de ſenſible dans ce compoſé, n'eſt que vaiſſeaux, liqueurs contenues dans ces vaiſſeaux, & toiles ſur leſquelles rampent ces canaux. On déſigne ordinairement ces vaiſſeaux par le nom général de *Solides*.

** Par le microſcope on voit que dans un pouce quarré de chair, il y a deux cens cinquante mille embouchures de vaiſſeaux ſanguins. Lewenhoek a vû qu'un globule ſanguin eſt fait de ſix globules lymphatiques: ainſi, en établiſſant ce même rapport entre les vaiſſeaux ſanguins & les lymphatiques, le pouce de chair contiendra neuf millions d'artéres lymphatiques, & en ſuivant la même proportion pour les artéres ſéreuſes, qui ſont des ſubdiviſions des lymphatiques, nous aurons dans le même pouce trois billions, deux cens quarante-quatre millions de ces artéres ſéreuſes. Verdries fait monter ce calcul, pour les pores d'un pouce quarré de la ſurface du corps, à quatre cens neuf billions, ſix cens millions; or ces pores ſont des embouchures de vaiſſeaux.*

On entend ici par *Solide* un corps dont les parties font entr'elles en repos, & aſſez fortement unies pour ne céder qu'à une certaine force. Cette union intime de la matiére d'un corps, dépend de la proportion qui ſe rencontre entre les particules de cette matiére : par cette proportion les corpuſcules ſe trouvent propres à s'appliquer, à s'entrelacer, à s'engrèner exactement les uns avec les autres ; cette union exacte fait que le fluide environnant, ne pouvant ſe couler dans ces adhérences & les détruire, il appuie au contraire ſur les ſurfaces extérieures de ces molécules *, les tient étroitement unies, & fait par-là toute la force de cette union. La réſiſtance qu'on trouve à ſéparer deux marbres exactement joints, eſt tout à la fois l'image & la preuve de la force de cette union intime, l'un des premiers principes de la ſolidité. *(Cauſe de la ſolidité.)*

La différence des parties qui compoſent les Solides, celle de leur arrangement, & de l'exactitude de leur union, font le principe de la diverſité de ces Solides. L'on ignore, & l'on ignorera peut-être toûjours, quelles ſont ces modifications particuliéres qui font les principes ſpécifiques de chaque mixte ; tout ce que la ſagacité humaine a pû faire *(Différences entre les Solides.)*

---

* *La Molécule eſt une maſſe extrêmement petite, comme le Corpuſcule eſt un corps extrêmement petit.*

dans la recherche du principe des Solides de la machine animale , c'eſt d'aller juſqu'à ce que nous appellons la *Fibre ſimple*, encore l'imagination a-t-elle fait une partie des frais de cette découverte. Le Microſcope , le Scalpel même nous montrent que toutes nos parties ne ſont qu'un tiſſu de ces fils qu'on a nommés des Fibres ; les derniéres de ces Fibres que le Microſcope a pû nous faire voir, ont encore été trouvées creuſes, c'eſt pourquoi on a nommé celles-ci les *Fibres organiques;* mais pour remonter de-là à la Fibre ſimple, à la Fibre élémentaire, on a été obligé d'imaginer que ces Fibres creuſes, doivent être compoſées de Fibres ſans cavité, comme un fil de ſoie eſt compoſé de pluſieurs autres filets; & c'eſt ce premier filet de nos Solides, qu'on apelle la *Fibre ſimple.*

Pour vous faire une idée de ſa nature & de ſa formation , concevez que cette Fibre ſimple eſt ſemblable aux filets qui compoſent le fil des araignées ou des vers à ſoie, excepté qu'elle eſt peut-être mille fois plus fine. On ſait que la matiére des fils de l'Araignée & du ver à ſoie eſt une eſpéce de glu; ces animaux font paſſer cette glu par des filiéres extrêmement fines , & l'air deſſéche ſur le champ le filet gluant, qui par-là devient ſolide. Les fils qu'on forme avec le verre fondu , avec la cire d'Eſpagne , avec la colle forte , ſont autant d'images de la

formation de ces filets & de nos Fibres :
Mais comment l'air rend-il folide la glu de **FIBRES.**
l'Araignée ? C'eft en comprimant les corpufcules qui la compofent, & en évaporant
le fluide ou l'humidité qui les féparoit ; par
ces deux effets, ces corpufcules fe trouvent
plus étroitement unis, & par conféquent ils
forment un tiffu plus folide.

Ce qui arrive à la glu de l'Araignée pour
former fes fils, arrive de même à la glu
nourriciére qui fait le principe de nos parties : mais pour aprofondir davantage ce
méchanifme, imaginez que les corpufcules
folides, qui compofent cette glu nourriciére, font eux-mêmes des parties longuettes
femblables au duvet que le linge ufé laiffe
fur les habits. Perfonne n'ignore que pour
faire le papier & le carton, qui font des
corps affez folides, on commence par réduire le linge en duvet par la force des
moulins & de l'eau ; tant que ce duvet eft
pénétré d'eau, il forme une bouillie affez
claire, voilà le fuc nourricier, voilà la gelée
qui eft l'élément de nos folides ; mais dès
que l'Ouvrier a féparé ce duvet de l'eau où
il nage, & qu'il en a chaffé l'humidité en le
mettant fous la preffe & en le faifant fécher,
alors cette bouillie devient un corps folide
par l'union intime & l'entrelacement exact
de ce même duvet : c'eft ainfi que fe font nos
fibres, nos membranes, & tout ce qu'elles

compofent. Cette ftruɗture eſt viſible dans la peau, ſur-tout dans celle qui eſt préparée par les Corroyeurs, & qu'on décompoſe par la macération : auſſi M. Winſlow compare-t-il ſon tiſſu à l'étoffe d'un chapeau; or l'étoffe d'un chapeau, comme on ſait, eſt auſſi faite de l'union intime, de l'entrelacement exaɗt de poils d'animaux, qui ne différent de notre duvet que du plus ou du moins, ou ſi vous voulez, qui ſont au duvet qui forme le papier, comme celui-ci eſt au duvet qui forme nos parties.

En concevant la Fibre ainſi compoſée, on en explique aiſément toutes les propriétés.

Elle ſera molle ou lâche, ſi elle eſt trop abreuvée d'une lymphe qui en déſuniſſe les duvets, & la mette dans l'état du papier mouillé; elle ſera ſolide ou tendue, ſi cette même lymphe y eſt en petite quantité, ſi le duvet en eſt exaɗtement uni & forme un tiſſu compaɗte. Ainſi les parties molles ou dures de la machine animale ne différent que par la tiſſure plus ou moins ſerrée de ce duvet : c'eſt le linge & le carton compoſés des mêmes principes différemment unis.

Tout ſimple que paroiſſe ce méchaniſme, c'eſt à lui ſeul qu'on doit rapporter la conſtitution naturelle des ſolides, leur reſſort primitif, leur tempérament, & les changemens que la maladie ou les remédes peuvent y introduire.

Un plan de Fibres simples unies parallèlement & roulé en cilindre *, forme un canal, & c'est ce canal qu'on appelle la *Fibre organique*.

Une corde faite de plusieurs Fibres organiques, s'appelle *Fibre musculaire* ; & de ces deux sortes de fibres organique & musculaire, sont faites les membranes, les vaisseaux, les chairs, & généralement tout le tissu des Solides.

Tel que soit ce tissu, les Fibres qui le composent, sont entr'elles ou torses, ou entrelacées, or dans un plan de Fibres creuses ainsi disposées, lorsque les cavités des Fibres se trouvent remplies, le plan doit augmenter en épaisseur, & diminuer en étendue : au contraire, lorsque ces mêmes cavités sont vuides, l'étendue du plan augmente, & son épaisseur diminue ; car des Fibres entrelacées ou torses, font les unes sur les autres des circonvolutions, des détours ; or plus les Fibres sont grosses, plus ces détours sont grands & ces circonvolutions amples ; ces détours se font suivant l'épaisseur du plan, cette épaisseur est donc aussi nécessairement plus grande. D'un autre côté, plus

FIBRES.

Composition du tissu de nos solides par la Fibre simple.

Méchanisme du ressort organique, & de la contraction des solides.

---

* *Le Cilindre est un corps long & rond comme la colonne, le rouleau, &c.*

on fait faire d'infléxions ou de détours à une corde, plus on la racourcit, ou plus on raproche ses deux extrêmités : donc le gonflement des Fibres épaissit & racourcit en même temps le plan qu'elles forment, & le vuide de ces mêmes Fibres l'applattit & l'allonge.

Quelques figures rendront cette vérité plus palpable.

La premiére figure repréfente une Fibre organique vuide de fluide, droite, & par conféquent dans sa plus grande longueur.

La feconde figure repréfente la même Fibre A, A, entrelacée avec trois Fibres pareilles B, B, B; il eft déja fenfible que la Fibre A, A, faifant les trois infléxions B, B, B, autour des Fibres B, B, B, doit être racourcie d'autant, & ne peut plus atteindre aux pionts X, Y, comme elle le fait dans la premiére figure où elle eft droite.

Cependant les Fibres A & B, de cette feconde figure font encore fuppofées vuides. Dans la troifiéme figure, nous les fuppofons gonflées par un fluide ; alors on voit que le calibre des Fibres B, B, B, étant augmenté auffi-bien que celui de la Fibre A, A, A, les détours de celle-ci font auffi plus grands ; on voit que plus cette Fibre A, A, A, eft courbée ou détournée de la ligne droite, plus l'efpace qu'elle parcourt dans le fens Y, Y, eft long, & plus celui qu'elle parcourt dans

le fens X, Y, eſt court; orY, Y, eſt l'épaiſſeur
du tiſſu, & X, Y, ſa longueur : donc plus
les fibres A & B, feront gonflées, plus le
tiſſu qu'elles forment augmentera en épaiſ-
feur, & diminuera en longueur ; au contraire, plus ces Fibres feront vuides, plus
leur tiſſu fera mince & long.

FIBRES.

Il coule fans ceſſe dans les Fibres d'un
animal vivant un fluide qui en ſoutient les
parois, les remplit à un certain point, &
leur donne par conſéquent ſans ceſſe une
certaine épaiſſeur, un certain degré de contraction ; on appelle cette épaiſſeur, cette
contraction permanente du tiſſu des Fibres,
le ton naturel des Solides.

Ton na-
turel des
Solides.

Par tout ce que je viens de dire, on conçoit qu'une force quelconque ne peut allonger un plan de ces Fibres, qu'elle n'étréciſſe
leur calibre, & qu'elle n'en exprime le fluide dont je viens de parler. Cette expulſion
du fluide ſuppoſe une violence ſupérieure à
ſon impulſion ; cette violence ceſſant, le
fluide remplit de nouveau les Fibres, leur
redonne leur calibre naturel, & à tout le
plan ſon épaiſſeur & ſon étendue ordinaire.

Reſſort
organi-
que.

Cette réſiſtance de la Fibre à ſon allonge-
ment & ſa reſtitution dans ſon premier état,
s'appelle, *Reſſort, vertu élaſtique,* & je les
nomme *Reſſort organique,* pour diſtinguer
cette action qui dépend d'un fluide & de
l'organiſation particuliére que je viens de

décrire, d’avec le *Reſſort* primitif, qui n’eſt
que la ſimple réſiſtance à la déſunion, de
la part du duvet qui compoſe les Fibres élémentaires ; & cette diſtinction, Meſſieurs,
eſt eſſentielle : car une extenſion qui ſe paſſe
toute entiére ſur le reſſort organique, c’eſt-
à-dire, qui ne ſurmonte que la réſiſtance du
fluide des Fibres, cette extenſion, dis-je,
eſt ſuivie d’un prompt retour des parties en
leur premier état, par le retour prompt &
facile de ce fluide dans les Fibres ; mais celle
qui va juſqu’au reſſort primitif, & qui ſurmonte la réſiſtance du duvet qui compoſe
les Fibres, cette extenſion, dis-je, fauſſe le
reſſort organique lui-même, parce qu’en
ſurmontant la tiſſure de ces Fibres, elle la
change ; elle dérange par conſéquent la
ſtructure de l’organe, déſordre dont la ré-
paration eſt longue, difficile, & quelquefois
même impoſſible.

Après ces deux ſortes de reſſorts, le primitif & l’organique, vient la contraction.

On appelle *Contraction* l’action par laquelle
nos ſolides rapprochent leurs extrémités mobiles vers leur centre, & reſſerrent leur étendue en un eſpace moindre que celui qu’elle
occupe, lorſque le ſolide eſt dans ſon ton naturel, ou lorſqu’il n’a que ſon reſſort organique : ainſi, par le méchaniſme qu’on vient de
voir, la contraction des ſolides doit arriver
par un gonflement plus violent des Fibres qui

les compoſent, & cela par une affluence ou une action plus grande de leur fluide ; par conſéquent la contraction n'eſt autre choſe qu'un degré plus parfait du reſſort organique, ou un reſſort organique exceſſif, & par cette raiſon, peu durable. Nous nous réſervons à en parler plus amplement quand il ſera queſtion du mouvement muſculaire.

Les propriétés que nous venons de remarquer dans le plan des Fibres, nous conduiſent à d'autres vérités élémentaires.

Si l'on conçoit ce même plan fibreux roulé en cilindre, il nous donnera le *Vaiſſeau* que nous avons annoncé d'abord pour principe de preſque tout ce qu'il y a de ſolide dans la machine animale.

Pluſieurs Fibres, les unes longitudinales, les autres circulaires, forment par leur adoſſement paralléle, ou par leur entrelacement, ce cilindre creux. Cette nouvelle forme combinée avec les différens états des Fibres obſervées ci-deſſus, produit de nouveaux effets, qui ſont eux-mêmes les principes des plus grands phénoménes de l'œconomie animale.

Si l'on ſuppoſe que les Fibres qui compoſent un pareil plan, ſont vuides de leur fluide & dans l'état relâché, comme dans la premiére figure de la planche 1, alors il faut, par ce que nous avons démontré p. 43 & 44, que le canal formé par ce plan 1.° Soit autant long qu'il peut être. 2.° Qu'il ait les

FIBRES.

VAISS. Leur ſtructure & leur méchaniſme.

Leur relâchement.

parois les moins épaiſſes qu'il ſoit poſſible. 3.° Que ſon calibre, par conſéquent, ſoit le plus ample & auſſi le plus flaſque qu'il puiſſe être, tel enfin qu'on le voit planche 2 fig. 1. 4.° Un ſemblable vaiſſeau ne ſauroit jamais avoir par lui-même un calibre réguliérement rond, à moins qu'on ne le ſuppoſe diſtendu au ſuprême degré par une liqueur ; ſans cette diſtenſion extrême, la colonne de liqueur mal ſoûtenue par ces parois trop lâches, s'a-platira ſur le plan qui la porte, & le calibre du vaiſſeau deviendra une eſpéce d'ovale. Un inteſtin rempli d'eau & poſé ſur une ta-ble, vous repréſentera l'état de ce vaiſſeau flaſque. 5.° Cette figure aplatie fera que ce canal, tout relâché qu'il eſt, pourra contenir moins de liqueur qu'un autre qui auroit moins de circonférence & un calibre plus régulié-rement rond. 6°. En ſuppoſant que la liqueur contenue dans les vaiſſeaux ait beſoin pour ſon mouvement de l'action de leurs parois, elle ne pourroit couler dans le vaiſſeau qu'on vient de voir ; car ce vaiſſeau ne pourroit ni être diſtendu davantage par la liqueur con-tenue, puiſqu'il eſt ſuppoſé dans le relâche-ment total, ni ſes parois ne pourroient ſe reſſerrer ſur la liqueur & la faire couler, puiſque leurs fibres manquent du fluide qui fait le reſſort & la contraction.

Si les Fibres qui compoſent les parois du vaiſſeau ſont remplies de leur fluide, ſans

en

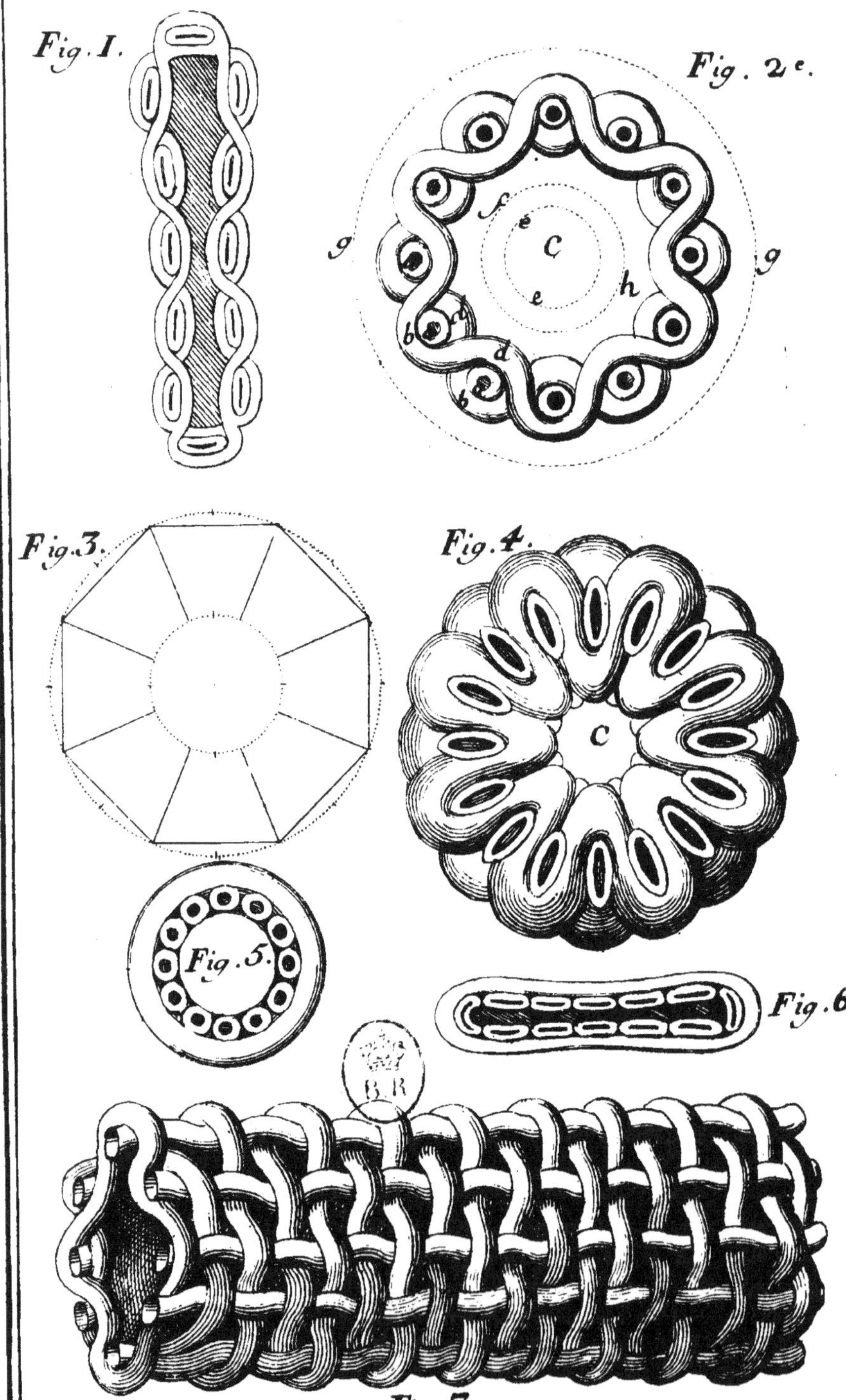

Fig. I.
Fig. 2.e
g
c
e
h
g
b
c
e
d
b
d
Fig. 3.
Fig. 4.
c
Fig. 5.
Fig. 6.
B.R
Fig. 7.

en être diftendues , c'eft-à-dire, fi elles ont
leur ton naturel ou leur reffort organique ;
alors le vaiffeau fera moins long , comme
dans la figure 3, planche 1, fes parois feront plus épaiffes & auffi mieux foutenues,
& par conféquent elles formeront un calibre plus régulier ; toutes ces propriétés font
exprimées dans la figure 2, planche 2. Les
calibres A, A, A, des fibres longitudinales,
& ceux des fibres circulaires B, B, B, étant
également pleins ; non-feulement ils doivent
augmenter l'épaiffeur de cette circonférence
aux dépens de l'étendue qu'on lui voit, figure 1, mais encore ces calibres doivent fe
foûtenir réciproquement, à égale diftance du
centre C, prefqu'autant qu'ils le feroient
s'ils étoient des véficules en forme de clefs
de voûte, telles que celles qui compofent le
calibre repréfenté par la figure 3, je fuppofe
que ces parois font épaiffes ou qu'un peu de
fluide contenu les aide à fe foûtenir en cas
qu'elles foient trop minces ; mais les Géomé-
tres démontrent, & chacun peut aifément
s'en convaincre, que la figure ronde eft la
plus grande de toutes, c'eft-à-dire, celle qui
a plus de capacité : Donc l'état dans lequel
un vaiffeau peut fe donner le plus d'ouverture ou de calibre, eft celui où fes fibres
jouiffent du reffort organique.

Voilà pour les calibres, ce que nos vaiffeaux ont de commun avec les canaux foli-

VAISS.

des des fontaines; mais il faut examiner en eux cette action dont nous avons parlé ci-deſſus, & qui nous tire de cette Hydrauli-que commune.

Toutes les fibres *a*, *b*, *d*, de la figure 2, ſont ſuppoſées modérément gonflées de fluides, elles forment une épaiſſeur médio-cre, *b*, *d*, & des parois qui tiennent le mi-lieu entre la roideur & le relâchement.

Suppoſons maintenant que le calibre *f*, *e*, *h*, eſt plein d'une liqueur qui en tient les parois écartées, telles qu'on les voit dans la figure; que ſans ce volume de liqueur, le calibre livré à lui-même ſeroit rétreci au cer-cle ponctué, *e*, & qu'enfin moyennant l'é-largiſſement *e*, *d*, la force des parois du vaiſſeau eſt en équilibre avec la colomne de liqueur qu'il contient.

Suppoſons encore que la liqueur ſe trouve gonflée d'inſtans en inſtans d'une nouvelle liqueur qui s'écoule ſur le champ, & déſen-fle la colomne.

Mécha-niſme de l'oſcilla-tion.

Dans l'inſtant du gonflement de la co-lomne, l'équilibre ceſſe, le volume de li-queur devenu ſupérieur, écarte les parois du vaiſſeau juſqu'au cercle ponctué exté-rieur, *g*, *g*; pour produire cet écarte-ment, il faut que la force ſupérieure de la colomne de liqueur alonge & étreciſſe les fibres circulaires, & qu'elle leur faſſe étran-gler les fibres longitudinales. Le fluide de ces fibres eſt donc comprimé plus qu'à l'ordinaire ; un fluide comprimé augmente de force à proportion de la compreſſion, les Fibres dans cet état violent acquiérent donc de la force, & agiſſent plus puiſſamment ſur la colomne de liqueur ; celle-ci céde & céde autant qu'elle a fait céder, puiſqu'on ſuppoſe ces puiſſances égales ; les parois à leur tour rompent l'équilibre & reſſerrent la liqueur juſqu'au premier cercle *f* ; l'inſtant d'après cette force acquiſe des parois ſe perd, auſſi-bien que la foibleſſe reſpective de la liqueur ; l'équilibre ſe rétablit entre ces deux puiſſances, & le calibre retourne à l'écartement marqué par la figure.

Cet écartement & ce reſſerrement alternatifs des parois du vaiſſeau, s'appellent *Oſcillation*, & ce mouvement n'eſt autre choſe que le reſſort organique mis en jeu par l'impulſion du liquide chaſſé par le cœur, comme on le verra en ſon lieu.

Pour que ce mouvement *Oſcillatoire* ou de *Vibration* des parois des vaiſſeaux ſoit le plus grand qu'il eſt poſſible, il faut : 1.° Que les fibres qui compoſent ces parois ne ſoient ni trop, ni trop peu gonflées de fluides ; trop gonflées, les parois ne céderoient pas aſſez à l'impulſion des liqueurs qui tendent à les dilater ; trop peu gonflées, ces mêmes parois ſeroient vaincues par les liqueurs, & elles ne pourroient aſſez ſe reſſerrer pour faire

D 2

VAISS.

Le ton naturel des vaiſſeaux eſt le plus propre aux grandes oſcillations & à une ample circulation.

couler ces derniéres. L'état des Fibres propre à faire les plus grandes ofcillations , eft
donc celui où elles font gonflées de la jufte
quantité de fluide qui fait leur ton naturel ,
ou le reffort organique légitime ; cette ofcillation eft une des grandes caufes motrices
des liqueurs ; donc plus ce mouvement eft
grand , plus la liqueur contenue dans un tel
vaiffeau a de vîteffe.

L'Hydraulique démontre que la quantité
du liquide qui paffe dans un canal , eft proportionnée au calibre du vaiffeau & à la vîteffe de la liqueur : nous avons vu que le calibre du vaiffeau qui jouit du reffort organique & d'une parfaite ofcillation , eft le plus
régulier & par conféquent le plus ample , &
nous venons de voir que fon liquide a plus
de vîteffe que dans tout autre état ; donc
fuivant ces deux rapports à la fois , le reffort
organique eft l'état des vaiffeaux le plus propre à faire couler beaucoup de liqueur , ou
à produire une circulation ample & aifée.

La feconde condition requife aux grandes
ofcillations , mais qui ne dépend pas immédiatement des folides , eft une jufte quantité des liqueurs , ou une jufte plénitude des
vaiffeaux ; trop de plénitude fait que le
vaiffeau déja diftendu , ne peut plus guére
prêter à l'impulfion du fluide ; & dans la
réaction il ne peut revenir bien loin contre
la colomne trop puiffante ; trop peu de plé-

nitude fait que le vaiffeau peut à peine fe reſſerrer au point de s'ajuſter à la colomne VAISS. trop étroite, fes parois en font preſque au calibre ponctué, *e*, figure 2, qui eſt celui qu'elles ont étant vuides ; une nouvelle af- fluence de liqueurs ne fait que remplir cette eſpéce de vuide ou de trop d'aiſance, elle porte à peine ces parois au calibre, *f*, une auſſi foible dilatation eſt néçeſſairement ſui- vie d'une réaction pareille ; ces parois déja preſqu'au bout de leur contraction, ne peu- vent ſe contracter encore que très-foible- ment, l'oſcillation ſera donc très-petite, & par les principes précédens, le cours de la liqueur ſera très-lent.

Si l'on ſuppoſe les fibres plus gonflés de fluide que dans le reſſort organique, la dif- *Mécha-* tenſion qu'il y cauſera mettra ces fibres *niſme de* dans l'état de contraction ; & ſi cet état de- *l'Erétiſ-* vient permanent, par la continuation de ſes *me.* cauſes, il mettra les ſolides dans une roideur conſtante, qu'on appelle en termes de l'art *Erétiſme* & dans certains cas *Tétanos.*

Cette diſtenſion des fibres tant circulaires *Cet état* que longitudinales met les parois du vaiſ- *rallentit* ſeau dans l'état repréſenté par la figure 4, *le cours* planche 2, où l'on voit l'épaiſſeur des parois *des li-* conſidérablement augmentée, & le calibre *queurs.* diminué à proportion.

Dans cet état, 1.º Le calibre étroit laiſſe paſſer peu de liqueurs & difficilement.

2.° L'équilibre eſt détruit à l'avantage du ſolide; l'impulſion impuiſſante des liqueurs ne produit qu'une legére dilatation des parois trop fortes ou trop roides, celles-ci reviennent donc auſſi très-peu ſur la colomne des liqueurs ; ainſi l'oſcillation eſt très-petite & le mouvement des liqueurs qui en réſulte eſt très-foible.

Une obſervation ſimple, que lé hazard m'a fournie, vous donnera une idée de l'effet des parois des vaiſſeaux dans les trois états qu'on vient d'examiner, ſavoir, le relâchement, le reſſort & l'érétiſme ; ce ſera auſſi pour vous un exemple de l'application que vous pourrez faire tous les jours de ces principes.

J'avois fait une inciſion à une partie vivante, & j'avois coupé grand nombre d'artérioles ; elles n'étoient pas aſſez conſidérables pour mériter une ligature, je les laiſſai donc s'épuiſer à loiſir ; après avoir lancé du ſang un certain temps, elles s'affaiſſérent & il n'en couloit preſque plus rien : Je paſſai avec une plume, un baume ſpiritueux ſur cette playe, le ſang recommença à jaillir avec autant de force qu'au premier inſtant de l'inciſion. Vous comprenez que ce jet nouveau, vint de ce que le ſpiritueux avoit rapellé les eſprits dans les fibres des parois de ces artérioles ; ces fibres gonflées d'eſprits, relevérent les parois affaiſſées, &

ouvrirent au fang des calibres réguliers, des iffues libres. Pendant que cette nouvelle hémorragie étoit dans fa plus grande force, ennuyé de fa durée, je paffai fur ces embouchures de vaiffeaux, un ftiptique, & le fang fut d'abord fupprimé; parceque ce puiffant aiguillon mit ces parois artérielles dans l'érétifme qu'on vient d'expliquer.

Ce que c'eft que la crifpation des vaiffeaux.

Cet érétifme eft plus violent dans un vaiffeau coupé que dans tout autre, parceque la continuité des fibres longitùdinales, & leur tenfion dans un vaiffeau entier, contribue à en foutenir les parois & à les écarter du centre du vaiffeau. Quand ces fibres font coupées, le vaiffeau eft débarraffé de cette contrainte, il eft abandonné à toute la contraction de fes fibres qui le retirent & l'accourciffent puiffamment : On a donné le nom particulier de *Crifpation* à cette grande contraction.

Tenfion ou relâchement des vaiffeaux fuivant leur longueur; autre fource d'ofcillations différentes.

Puifque nous fuppofons le vaiffeau fait de fibres longitudinales entrelacées avec des fibres circulaires, le gonflement de ces deux fortes de fibres, non-feulement augmentera l'épaiffeur du plan, comme on vient de le voir, mais il diminuera auffi fa longueur, par la démonftration des p. 43 & 44, cette diminution de longueur fuppofe que les extrémités du plan font libres de s'approcher du centre de ce plan; mais fi l'on fuppofe ces extrémités arrêtées & fixes, comme elles le font en quelque forte dans nos vaiffeaux, par leurs attaches au cœur & au tiffu de toutes les parties, alors ce plan ne pouvant s'accourcir, proprement parlant, le fera pourtant en quelque forte, en devenant plus tendu, à la façon des cordes à violon. Cette tenfion eft égale dans toutes les fibres longitudinales de la circonférence entiére du vaiffeau ; ainfi le reffort modéré de ces fibres doit contribuer comme celui des circulaires, 1.° à foûtenir les parois dans un jufte écartement, & à donner au vaiffeau un calibre moyen & régulier, 2.° à produire les ofcillations les plus amples, par la raifon qu'une corde à violon modérément tendue donne les vibrations les plus longues, ou les tons les plus graves. Si ces fibres font vuides de leur fluide, ou relâchées, il n'y aura plus d'ofcillation, par la raifon qu'une corde lâche ne tremouffe pas ; fi, au contraire, ces fibres font très-tendues, ou en érétifme, l'ofcillation deviendra très-courte & très-prompte, par la raifon qu'une corde à violon tendue donne de femblables vibrations & produit des tons aigus, ou, ce qui revient au même, par la raifon qu'un reffort plus court a des vibrations plus courtes auffi ; car c'eft chofe égale ou de raccourcir une corde à violon ou de la tendre davantage ; de même la tenfion de nos vaiffeaux eft une forte d'accourciffement de ce

plan , ou du moins équivaut à un accourciffement réel.

VAISS.

Si l'on veut que nos folides ne foient pas
faits de fibres entrelacées, comme elles le
font dans les 4 figures de la planche 2 , &
que l'on prétende que ces fibres foient toutes parallèles & arrangées par couches, les
unes circulaires, les autres longitudinales ,
comme dans les figures 5 & 6 planche 2,
les effets n'en feront pas moins les mêmes ,
& pour les parois & pour les calibres ; il fera toujours vrai que ces parois feront plus
ou moins épaiffes, & ce calibre plus ou
moins étroit , felon que ces fibres feront
plus ou moins gonflées.

A l'égard du raccourciffement , fuivant la
longueur, qui eft conftant dans tous nos folides , il ne peut être exécuté par des fibres
longitudinales réguliérement droites & parallèles, qu'en les fuppofant ou torfes , ou
faites d'une file de petites véficules. J'expli-
querai cet autre méchanifme à l'article du
mouvement mufculaire.

La tiffure de nos folides a beau être ferrée , il faut néceffairement que les fibres
laiffent entr'elles des pores, des interftices ;
les figures de la planche 2, & fur-tout la
7e figure, en vous exagérant le volume des
fibres vous font mieux fentir leur méchanifme, & en particulier la néceffité des interftices dont nous parlons : outre cette pre-

miére efpéce d'interftice, l'union des principes de chaque fibre laiſſe encore des pores, quoique plus petits, & c'eſt cette union
aiſée & poreuſe, fi l'on peut dire, qui conſtitue la molleſſe de ces parties ; parceque
chaque portion de fibre a la liberté d'aller
& de venir dans les petits vuides qui l'environnent. Ainſi, pour faire perdre la molleſſe
à ces fibres, il ne faut qu'ôter cette liberté
à leurs parties, en rempliſſant leurs pores de
corpuſcules ſolides ; c'eſt ce que fait l'aſſimi-
lation continuée du ſuc nourricier, qui donne aux vieillards des ſolides fi roides, &
par-là fi peu propres aux fonctions de la
vie ; c'eſt ce que font auſſi d'une façon moins
durable ceux d'entre les remédes *toniques*
qui agiſſent ſans irriter.

Au contraire, pour rendre les ſolides
plus mous, il ne faut qu'augmenter leurs
pores, ou les eſpaces dans leſquels leurs molécules peuvent aller & venir ; ce qui ſe fait
en introduiſant dans ces pores des particules fluides ou molles elles-mêmes, qui ayant
aſſez de force pour dilater ces pores, ſoient
cependant toujours prêts, au moindre
effort, à céder ces eſpaces dilatés aux parties fibreuſes. Tel eſt l'état des ſolides des
enfans par la ſtructure même de ces ſolides,
dans leſquels il entre encore peu de matériaux, peu de ſucs nourriciers aſſimilés ou
durcis, & dans leſquels par conſéquent il

y a des pores grands & en grand nombre ,
remplis d'une lymphe toute difpofée à fe
prêter à tous les mouvemens des folides.
Tel eft encore, pour le dire en paffant, l'é-
tat de nos fibres imbibées d'une pareille
lymphe , par l'ufage des alimens & des remédes qu'on nomme *Emolliens.*

Telles font , Meffieurs , les propriétés
fondamentales des folides : vous voyez par
tout ce qui précéde, que le reffort primitif
ou la réfiftance prife de la fimple tiffure des
fibres, eft la feule qui leur foit propre, &
que les deux autres , favoir , le reffort organique & la contraction , dépendent du
fluide qui anime ces folides : c'eft une vérité
que je vous prie de ne point perdre de vue.

SECONDE PARTIE.

DES LIQUEURS.

J'AI dit au commencement de ce Dif-
cours, Meſſieurs, que tout ce qu'il y a
de ſenſible dans la machine animale, eſt
ou vaiſſeaux, ou liqueurs contenues dans
ces vaiſſeaux.

Liqueur ou * fluide en général, eſt une
matiére dont les parties ſont ſi ſubtiles & ſi
foiblement unies entr'elles, qu'elles cédent
à la moindre force.

Les liqueurs que nous connoiſſons ſont
des matiéres, dont les molécules ſont aſſez

---

* *Le terme de fluide eſt plus général que celui de li-*
queur; toute liqueur eſt fluide, mais tout fluide n'eſt
pas liqueur. La liqueur eſt un fluide palpable; le fluide
proprement pris, eſt d'une ſubtilité qui le dérobe à la
plupart des ſens, & quelquefois à tous les ſens. On
dit les fluides de l'Univers, le fluide Etheré; on ne
dit pas les liqueurs de l'univers, la liqueur Étherée:
on ne diroit pas mieux les liquides de l'Univers, la
liquide Etheré.

ſubtiles & aſſez foiblement unies pour recevoir, des fluides de l'Univers, le mouvement inteſtin dont ceux-ci jouiſſent, & qui
fait le principe commun de la fluidité & de
la liquidité.

J'entends par liqueurs de la machine animale, tous les fluides de cette machine qui
peuvent tomber ſous les ſens.

Comme tous nos ſolides ſont compoſés Compo-
de deux ſortes de fibres, la ſimple & la ſitions de
compoſée, de même toutes nos liqueurs nos li-
ſont auſſi faites de deux eſpéces de globu- queurs.
les, un ſimple & un compoſé.

Le globule ſimple, eſt le globule aqueux
ou ſéreux: il compoſe la plus grande partie
de la maſſe de nos liqueurs, il en eſt l'eſpéce la plus fluide, il ſert de véhicule aux autres, & il ſe réſout en vapeur par les mouvemens même de ſa circulation, ou plutôt
par la chaleur qu'elle excite; il en fait autant quand on l'examine par l'analyſe chymi-
que. Le microſcope & même les yeux ſeuls
nous convainquent de l'exiſtence de cette
ſéroſité dans laquelle nagent toutes les autres parties de nos liqueurs.

Le globule compoſé a pour baſe une mo- Principes
lécule terreuſe, empreinte de parties hui- de nos li-
leuſes, gommeuſes, réſineuſes, ſalines, & queurs.
il eſt pénétré de parties volatiles.

Cette ſtructure eſt évidente par les divers
examens qu'on a fait de nos liqueurs; elles

exhalent au nez des odeurs qui nous prouvent leur volatilité ; goûtées, elles ont une falure qui n'eft point équivoque ; mifes aux épreuves chymiques , elles ne démentent pas ces premiers eſſais ; elles donnent un eſprit volatil , un peu de fel , beaucoup d'eau, du fouffre , & de la terre.

On a beaucoup difputé fur ce fel de nos liqueurs : eſt-il acide ? * Eſt-il alkali? Dans l'état naturel, c'eſt un fel neutre ou ammoniacal, dans les états dépravés des liqueurs, ou par les différentes tortures qu'on leur donne , ce fel fe décompofe , & on en tire tantôt un acide, tantôt un alkali , fuivant que l'un fe débarraffe plutôt que l'autre de l'huile qui les lie enfemble : mais l'expérience

---

On nomme acide, *en médecine , ce qu'on appelle communément* aigre , acerbe, *par exemple , le vinaigre eſt* acide , *le vitriol eſt un fel* acide , *les acides donnent une couleur rouge à la teinture de tournefol, à celle de violettes, de rofes , & de fleurs de mauves.*

Ce qu'on nomme alkali , *eſt un fel âcre qui fermente avec les acides ; il rend vertes les teintures de violettes, de mauves , de rofes. L'huile de tartre, par défaillance, eſt un alkali ; la foude dont le nom propre eſt* kali, *eſt pleine de fel alkali ; & c'eſt elle qui a donné le nom à ce genre de fel.*

Le fel neutre, eſt formé du mélange des deux précédens , & il eſt ammoniacal quand il y entre des alkalis volatils urineux, lefquels fe trouvent dans les liqueurs des animaux , & furtout dans leur urine , qui entre dans la compofition du fel ammoniac.

démontre que le lait, & généralement toutes nos liqueurs, longtemps expofées à la
chaleur & au mouvement que leur donnent
les vaiffeaux, tendent enfin à s'alkalifer.

Le fang deffeché & mis en poudre, fe fépare en trois matiéres dans l'eau chaude; la
première, eft la matiére rouge; la feconde,
eft une matiére glutineufe qui ne fe diffout
pas, & par-là je la juge *réfineufe*; la troifiéme, eft une matiére glutineufe qui fe diffout
aifément, & qui par conféquent eft *gom-*
meufe. La première ne fe diffout pas, parceque le fang deffeché a perdu le *volatil* propre
à opérer cette diffolution; c'eft ainfi que la
réfine de jalap, qui ne fe diffout pas dans
l'eau, fe réfout parfaitement dans l'efprit de
vin. Ce même fang deffeché, s'allume à la
chandelle, & petille comme du fel marin.

Tous ces principes viennnent originairement des alimens, & c'eft en quoi la diverfité des nourritures peut apporter quelques
changemens dans les proportions de ces
principes, malgré l'uniformité du chyle &
du fang, quant à leurs qualités extérieures;
cependant il faut avouer que la plus grande
diverfité des liqueurs dépend des folides qui
les modifient. Une obfervation triviale fur
les plantes détermine, avec affez de juftefse,
les bornes de ces deux puiffances fur les
qualités des liqueurs.

Quand on greffe un arbre fur une autre

efpéce, l'arbre greffé porte des fruits de fa propre efpéce ; par conféquent fes filiéres ou fes vaiffeaux donnent au fuc que leur fournit l'autre arbre , les modifications propres à l'efpéce de l'arbre greffé ; dans un même champ, croiffent mille plantes de différentes propriétés , falutaires & venimeufes ; donc ce font les vaiffeaux qui donnent aux liqueurs leurs modifications capitales , ou qui les font ce qu'elles font : d'un autre côté , un arbre planté en certain terrein porte des fruits de meilleur goût que la même efpéce d'arbre qui eft dans un autre terrain ; & de-là la différence des vins de Champagne, de Bourgogne , &c. dont l'un abonde plus en certains principes, tandis que d'autres parties dominent dans l'autre ; de même les alimens & les médicamens peuvent porter dans nos liqueurs plus ou moins d'eau, plus ou moins de parties falines, volatiles , & y produire par-là quelques variétés accidentelles.

Quoi qu'il en foit de l'origine des différens principes du globule compofé , leur combinaifon entr'eux, & avec les globules aqueux, forme toutes les efpéces de liqueurs qu'on trouve chez nous , & elle explique tous les phénoménes qu'on y obferve.

CHYLE. *Le Chyle*, première liqueur & la fource de toutes les autres , eft un extrait des alimens, récemment fait par les organes & les fluides

fluides de la digeſtion. Toute cette liqueur
ne paroît à l'œil qu'une eau limpide & très-
légérement blanche : vûe par le microſcope, c'eſt un aſſemblage de beaucoup d'eau,
d'une matiére fibreuſe & glutineuſe, d'une
infinité de corpuſcules ronds & d'autres
irréguliers qui approchent de cette figure.
Les globules huileux ſont ſolitaires dans le
chyle, au lieu que dans le ſang, ils ſont
pluſieurs enſemble.

Les globules mixtes, tout nouvellement
ſortis de la diſſolution opérée par la digeſtion, ſont encore très-diviſés dans le chyle,
ils égalent preſqu'en petiteſſe le globule
aqueux, ils laiſſent donc paſſer la lumiére
preſqu'auſſi librement que lui; ainſi il doit
reſter une ſorte de limpidité à la liqueur,
& le peu de lumiére que ces globules mixtes
réfléchiſſent, ne produira qu'une blancheur
legére, ſemblable à celle que donne à l'eau
un peu d'huile bien battue , c'eſt-à-dire,
bien diviſée dans cette eau.

Que la tranſparence du chyle vienne de
l'extrême diviſion de ſes principes, on n'en
ſauroit douter ; car on ne peut nier que
tout ce qu'il y a de groſſier dans le ſang,
dans la bile, dans l'urine, ne ſoit contenu
auparavant dans le chyle, d'une façon à n'y
point être apperçu. Or, qui peut rendre
une molécule groſſiére inviſible, ſi ce n'eſt
ſa diviſion ? Pour faire comprendre aux

moins intelligens dans ces matiéres, comment des principes groſſiers, lorſqu'ils ſont exactement diviſés, demeurent inviſibles & laiſſent aux liqueurs où ils ſont, toute leur limpidité, je ne veux que leur rapeller ce qu'ils voyent tous les jours arriver à l'urine. Quand on rend cette liqueur, elle eſt pour l'ordinaire très-tranſparente, quelque temps après elle devient trouble, & ſi l'on verſe de l'eau chaude ſur cette urine trouble, elle reprend ſa limpidité ; qu'eſt-ce qui la rend trouble ? Le voici, l'air froid éteint le mouvement de chaleur qui tenoit diviſés & épars les principes groſſiers de l'urine ; ces principes s'uniſſent par le repos & la compreſſion du fluide qui l'environne, & de cette ſeule union naiſſent des molécules groſſiéres qui arrêtent la lumiére, la rompent de diverſes maniéres, l'abſorbent enfin & rendent la liqueur opaque : ſi vous verſez de l'eau chaude ſur ces molécules, vous leur rendez cette chaleur, ce mouvement, cette diviſion, & par-là cette tranſparence qu'elles venoient de perdre.

Plus le chyle eſt éloigné de ſa ſource, moins il eſt tranſparent, plus il eſt blanc : par exemple, dans le réſervoir de pecquet *, & dans le canal thorachique **, il eſt plus

____

* *Le réſervoir de pecquet, eſt un petit ſac où tous les vaiſſeaux du chyle dépoſent cette liqueur.*

** *Le canal thorachique porte ce chyle du réſervoir*

blanc que dans les vaiſſeaux lactés. Nos
globules compoſés hors des organes de la
digeſtion, ne ſont plus ou preſque plus tri-
turés par des ſolides, ni diviſés par des liqueurs plus ſubtiles qu'eux : ils nagent paiſi-
blement dans la maſſe des globules aqueux ;
tout l'effet qu'ils en reçoivent c'eſt une
compreſſion qui unit ces globules mixtes
entr'eux : or, plus les molécules ſont
unies, plus elles ſont maſſives, plus elles
réfléchiſſent de lumiére, plus la liqueur
qu'elles forment eſt épaiſſe & blanche. C'eſt
par ce méchaniſme que le chyle tranſparent
devient blanc, & que le chyle blanc ſe tranſ-
forme en lait encore plus blanc.

Les obſervations faites par le microſcope
confirment nos principes ; on voit avec cet
inſtrument que le lait eſt, comme le chyle,
un aſſemblage de globules répandus dans
une liqueur diaphane ; mais ces globules
du lait ſont plus gros & en plus grand nombre que dans le chyle. Cependant leur figure, approchante de la ronde, eſt encore irré-
guliere, & ils ſont tous d'autant de groſſeurs
différentes qu'on en pourroit compter, dit
Lewenhoeck, depuis celle d'un grain de ſable, juſqu'à celle d'un grain d'orge, parceque l'union des matériaux de ces molécules

CHYLE.

LELAIT.

---

*tout le long de l'épine du dos dans la maſſe du ſang,
en s'inſérant dans la veine ſouſclaviére gauche.*

mixtes n'eſt encore ni aſſez complette , ni aſſez étroite , & que leur ſtructure n'eſt pas parfaite ; mais la compreſſion obſervée ci-deſſus continuant ſes effets , la molécule ſe groſſit & s'arrondit , elle devient enfin une ſphére plus réguliére & plus maſſive , & elle fait alors le globule ſanguin. On voit avec le microſcope ce globule rouge nager dans une liqueur claire , où il ſe trouve encore des globules blancs & des parties fibreuſes : ces deux derniéres molécules ſont les parties du chyle qui ne ſont pas encore changées en ſang. Ce mélange a fait diſtinguer dans la maſſe du ſang, la partie rouge, la partie ſéreuſe, & la partie fibreuſe ou caſéeuſe *. Tous les globules rouges ſont très-réguliérement de la même grandeur , & Lewenhoeck a vû qu'ils étoient tous compoſés de ſix globules blancs : quoique ce globule compoſé ſoit plus peſant & plus gros que tous les autres, n'allez pas vous l'imaginer groſſier, il eſt encore vingt-cinq mille fois plus petit qu'un grain de ſable , & vous le comprendrez aiſément quand vous réfléchirez, que les derniers vaiſſeaux capillaires qu'il parcourt ſont à peine acceſſibles à la plûpart des liqueurs les plus ſubtiles que nous connoiſſions.

---

* *On appelle* caſéeuſes, *du latin* caſeus, *fromage , les parties du lait & du ſang qui ſe coagulent comme le fromage.*

Jufqu'ici la molécule fanguine ne différe des autres qu'en ce qu'elle eft plus groffe, plus compacte, plus réguliére ; mais cet effet fuffit-il pour caractérifer le globule fanguin ? Des molécules plus groffes & plus compactes que celles du lait, doivent réfléchir plus de lumiére, faire une liqueur plus blanche ; & cependant les globules fanguins font rouges, & de plus, ces globules rouges font comme l'ame de toute la machine, leur perte jette tout le refte dans l'abattement & la langueur, cette partie de nos liqueurs a donc au-deffus des autres quelque chofe de plus que la maffe & la denfité : Il y a donc dans les organes où coule cette liqueur , quelque chofe de plus que la compreffion du fluide environnant?

Oui fans doute, Meffieurs, les organes de la circulation aufquels le chyle eft bientôt livré, ajoûtent à la compreffion fufdite des machines nouvelles , & au méchanifme précédent des changemens heureux, qui donnent aux molécules des modifications précieufes qui leur manquoient.

Vous vous attendez, Meffieurs , que je vais vous dire avec tous nos Phyfiologiftes modernes, qu'un mouvement rapide pouffe les globules compofés contre les parois des vaiffeaux, dans les filiéres étroites des capillaires, & fait retrouver à ces molécules une autre efpéce de frottement , de trituration qui remplace celle des organes de la digeſtion , que ces globules comprimés , briſés , atténués *, en deviennent & plus ſolides & plus ſubtils ; qu'ils forment par-là une liqueur plus fluide, plus ſpiritueuſe , plus agitée , & que c'eſt à cette agitation qu'eſt due ſa couleur rouge & ſes autres prérogatives.

Le ſang n'eſt pas formé par la trituration des vaiſſeaux.

Il eſt conſtant , Meſſieurs , que la diviſion de nos liqueurs eſt un effet néceſſaire de leur mouvement dans nos vaiſſeaux , & ſurtout dans les capillaires ; mais de cette vérité , même j'en conclus que cette atténuation , loin d'être propre à former le ſang , eſt toute faite pour le décompoſer. Lewenhoeck qui a ſuivi le cours du ſang dans les derniers capillaires , y a vu de ſes propres yeux un globule rouge , qui ſe préſentoit à des embouchures trop étroites , ſe décompoſer en ſix globules lymphatiques , il y a vu encore un ſemblable globule rouge , en preſſe dans un capillaire , s'aplattir , perdre ſa couleur

---

* *Illuſtris Hermannus Boerrhave , nuper heu rei litterariæ ſublatus , aſſerit in inſtit. med. n.º* 200. *ſanguinem motu veſicularum pulmonum , & vaſculorum*..... premi , pelli , conquaſſari , remitti , atteri , minui , reſolvi..... *& ſic , inquit , magis* fluidus , magis dilutus , accuratius mixtus , ſolutus , ſubactus , attenuatus , figuratur in formam partium ſolidarum & fluidarum in toto corpore... *& hinc* ... imprimis color ruber.

rouge & devenir jaunâtre, & nous-mêmes
nous voyons tous les jours que le sang vénal
qui a passé par toutes ces filiéres étroites,
est comme dissous & qu'il a perdu sa couleur
vermeille. Il est donc évident, Messieurs,
que le globule sanguin est fait de l'assem-
blage de plusieurs autres globules; il est aussi
évident que le froissement qui l'atténue dans
nos vaisseaux, ne le fait qu'en séparant les globules qui le composoient; cette atténuation
décompose donc le sang, loin de le former.

Voilà des faits qui prouvent que la trituration de nos vaisseaux sur le sang, décompose cette liqueur & la décolore; en voici
d'autres qui prouvent que ce liquide spiritueux & vermeil ne doit point ces brillantes
qualités au fracas d'un pareil mouvement
tumultueux.

Il ne faut d'abord que se rapeller la dou-
ceur des mouvemens qui régnent dans un
germe fecondé; par exemple, dans le jaune
d'un œuf que l'on a mis couver, sous une
poule. Le clairvoyant Malpighi * n'a pu déterminer lequel des deux paroissoit le premier ou du sang ou du cœur, quelque penchant qu'il eût de donner le droit d'aînesse

----

* *Adhuc hæret animus in determinanda* cordis vel
sanguinis prioritate... *illud vero constat... incubatu,*
vertebras, cerebri & spinalis medullæ inchoamenta....
manifestari, corde, vasis & sanguine latitantibus.
Appendix de ovo incubato, p. 4, édit. Londin. in fol.

au dernier : & il y a même toute apparence que son penchant eſt mal fondé, & que le ſang précéde le cœur, puiſqu'il eſt , conjointement avec les eſprits, l'auteur de ſon mouvement comme de celui de tous les muſcles : mais le cerveau & la moelle épiniere , ſource des eſprits, ſont évidemment avant le ſang , comme l'atteſte le même Malpighi, dont j'ai moi - même répété les expériences. C'eſt donc une eſpéce de généalogie établie par les ſens même, que les eſprits précédent, & forment le ſang, comme le ſang précéde & produit avec eux les mouvemens des organes. Où ſont donc ces puiſſantes oſcillations, par leſquelles on veut que nos liqueurs ſoient comprimées, briſées, attenuées, pour être élevées à la nature de ſang ? Puiſqu'en ouvrant un œuf après trente heures d'incubation, vous allez trouver les précieux commencemens de ce fleuve pourpré , formés indépendamment de toutes ces puiſſances. Cet exemple ne ſuffit-il pas pour vous déſabuſer ? Voici une expérience faite ſur un adulte même, & qui jointe à l'obſervation précédente , ne laiſſe pas le moindre ſubterfuge aux partiſans de l'erreur. Un Savant, connu de Bartholin, a lié dans un animal vivant , un vaiſſeau lacté plein de chyle, quelques heures après il retrouva ce chyle changé en ſang *. Vous

____

* *Journal des Savans , année 1675.*

connoiffez la molefle & la délicatefle des
vaiffeaux du chyle, la lenteur avec laquelle
cette liqueur y coule ; vous comprenez ce
que peut ajoûter à toutes ces difpofitions
une ligature qui procureroit le repos le plus
parfait au vaiffeau & à la liqueur les plus
difpofés au mouvement.

SANG.

Qu'eft-ce donc qui donne au globule fanguin les modifications qu'on lui remarque?
Ce n'eft point non plus un nître aërien, qui
n'a peut-être jamais exifté, & qui fûrement
n'a point d'accès dans un œuf couvé. Non,
Meffieurs, l'Agent que nous cherchons n'eft
point fi étranger que ce nître. C'eft un être
formé & entretenu dans l'animal, c'eft,
Meffieurs, la chaleur vitale elle-même, ce
feu paifible que la poule porte dans l'œuf
fécondé, ou qu'elle y allume, & que la
circulation répand dans toutes nos liqueurs,
dans toutes nos parties ; c'eft par-là feulement que cette circulation rapide & tumul-
tueufe peut contribuer à la fabrique du globule fanguin : car tous les grands mouvemens produifent la chaleur ; la circulation
en fecouant les folides & brifant les liqueurs,
non-feulement remue la matiére fubtile ou
la matiére du feu, dont le mouvement fait
la chaleur en général ; mais elle lui joint
encore les parties volatiles ou les brifures, fi
l'on peut dire, des molécules mixtes expofées à fes frottemens.

Forma-
tion du
Sang.

Ce fluide fubtil ainfi compofé de matiére fubtile , & du volatil des liqueurs, fait le feu du petit monde, ou fon *Fluide cauftique* ; c'eft ce fluide cauftique qui eft la caufe de la chaleur dans les animaux, & qui joint au fluide animal, produit cette chaleur féconde que nous cherchions.

M. Halles [*], qui a examiné les degrés de la chaleur naturelle , a trouvé que celle des parties extérieures les plus chaudes, comme le fein , les aiffelles, eft de cinquante-quatre degrés ; d'autres ont éprouvé que cette chaleur à fon plus haut point , par exemple , après un violent exercice, eft égale à celle de l'air fous la zone torride , & qu'elle eft double de celle de notre air dans les chaleurs de l'été. La chaleur du lait qui fort de la vache eft de cinquante-cinq degrés , & celle qui eft néceffaire pour couver & faire éclore les œufs , eft à peu-près la même [**] : Nous voici donc déja à un degré de chaleur où la

---

[*] Dans fon traité de la Statique des Végéraux, p. 51, *pour ces expériences il divifa l'échelle du Thermome- tre en cent degrés , depuis le point de congellation jufqu'à celui d'une chaleur un peu plus grande que celle que la main peut fupporter dans l'eau , ou égale à celle de la cire fondue qui, nageant fur de l'eau chau- de, commence à fe coaguler.*

[**] *Selon la divifion du Thermometre de Halles ; mais à celle du Thermometre de Reaumur, c'eft trente- deux degrés.*

formation du fang peut s'exécuter & s'exécute réellement ; quant à la chaleur du fang, même dans les vaiſſeaux de l'animal, elle eſt de ſoixante & quatre degrés , chaleur qui eſt égale à celle de l'eau chaude portée au point que l'on puiſſe à grand peine y ſouffrir la main en la remuant , & ce degré de chaleur eſt à celui de l'eau bouillante , comme quatorze trois onziémes ſont à trente-trois ; c'eſt-à-dire, que le fang eſt preſque moitié auſſi chaud que l'eau bouillante.

On peut juger par là de l'efficacité de ſon action dans les fonctions où cette chaleur eſt néceſſaire ; mais cette ſimple action de la chaleur ne ſuffiroit pas encore pour la formation du fang. En vain mettroit-on couver un œuf qui n'auroit pas été auparavant fécondé , ou imbu de l'eſprit ſéminal ; en vain le plus adroit Chymiſte donneroit-il à des liqueurs animales enfermées dans ſes vaiſſeaux chymiques le juſte degré de chaleur , que la nature même emploie dans la ſanguification , ſi cette chaleur ne porte avec elle , comme j'ai déja dit , ce fluide vital que la nature emploie à cette fonction , & qu'elle ſeule , vraiſemblablement , peut y employer : c'eſt pour imbiber le chyle de cë fluide vivifiant , que le mſentere eſt fourni d'une ſi grande quantité de nerfs & de glandes.

C'eſt avec ce précieux mélange que le feu du petit monde , ou le *Fluide cauſtique* de

nos liqueurs, pénétre en tous sens la molécule mixte, il en serre les principes grossiers, il en fait une sorte de coction, il en
développe les principes volatils, il contribue à rendre cette molécule plus réguliére,
plus compacte ; mais aussi il la perce d'une
multitude infinie de pores : il en fait, en un
mot, une espéce de phosphore, une sorte
d'éponge à lumiére, ou au moins à fluide
très-subtil.

Ce méchanisme, Messieurs, nous conduit
à l'explication de tous les phénoménes de la
nature du sang.

Cause de
la cou-
leur du
sang.

1.° Le globule sanguin ainsi travaillé par
le fluide caustique, ne peut plus réfléchir
toute la lumiére comme le globule laiteux,
ses nouveaux pores en absorbent une portion, & l'éteignent dans leurs parties ter-
reuses, ce qui fait perdre la transparence
& la blancheur à ce globule ; cette terre est
empreinte de principes salins, sulphureux,
volatils ; le développement de ces principes
les éparpille dans les pores du globule, où
l'expérience démontre qu'ils sont propres à
réfléchir les rayons rouges, ou au moins à
réfléchir la lumiére, de façon à produire la
couleur rouge ; c'est ainsi qu'avec un sel alkali, on donne de la rougeur au lait ; parceque ce sel pénétre aussi les molécules laiteu-
ses, qu'il les cuit, pour ainsi dire, les perce à
jour, & développe leur parties salino-sul-

phureufes, aufquellesil fe joint : c'eft encore par une femblable méchanique que la chair du coin, quoique blanche, étant cuite avec du fucre pareillement blanc, ne laiffe pas de prendre un beau rouge ; c'eft enfin par la même raifon que la maturité de la plupart des fruits leur donne la rougeur. Dans tous ces états les fels & les fouffres font développés, volatilifés, répandus par tous les pores de la fubftance du mixte où ils fe font fentir au goût & à l'odorat ; mais prenez garde de ne pas confondre ce développement des principes avec leur diffolution.

2.° Cette molécule eft un phofphore, c'eft une éponge qui fe charge de la partie fpiritueufe, lumineufe de nos fluides ; la perte du fang doit donc jetter toute l'œconomie animale dans les ténébres, la langueur & l'impuiffance.

D'où vient que la perte du fang épuife les forces ?

3.° Enfin, un femblable globule n'eft pas l'ouvrage d'un moment, & c'eft pour cela qu'il faut que nos liqueurs circulent un temps confidérable avant que de faire du fang, & que la perte de la partie rouge eft fi longtemps à fe réparer.

D'où vient que le fang fe répare lentement?

Le fang, Meffieurs, nous préfente encore d'autres phénoménes intéreffans, comme, fon mouvement, fa diftinction en artériel & vénal, leurs différences, la nature des différentes liqueurs qui s'en forment & s'en féparent, &c. Nous fuivrons toutes ces

SANG.

Démolition du globule fanguin.

Formation des liqueurs fecrétoires & excrétoires.

propriétés aux articles des fonctions qui concourent à les produire, ici nous fommes bornés aux généralités.

Dès que l'action du fluide cauftique réduit la molécule fanguine en une forte d'éponge ; qu'il la calcine en phofphore, on conçoit que ce globule fera d'autant plus fpongieux, ou d'autant plus poreux qu'il fera plus expofé à cette action, & qu'à la fin il en fera diffous ; de cette diffolution naiffent des molécules qui font les principes de toutes les efpéces de liqueurs qu'on trouve dans les organes des filtrations, & à force de métamorphofes, ces molécules fe trouvent réduites en leurs premiers élémens, dont les volatils & les vaporeux s'échappent par la tranfpiration , & les groffiers par les urines & les autres excrétions fenfibles.

Ne vous femble-t-il pas, Meffieurs, que le globule fanguin foit dans nos liqueurs le principal ouvrage que la nature ait en vue, & comme fon chef-d'œuvre ? Toutes les autres efpéces de liqueurs ne font ou que des matériaux pour fa conftruction, ou des ruines provenant de fa deftruction. Ce globule eft le dernier période des compofitions qui fe font dans nos liqueurs ; le chyle , le lait, ne font que des gradations à cette molécule, & comme des échafaudages pour la conftruction de cet édifice. Tandis que l'urine, la bile, la falive, &c. ne me paroiffent que

des débris de fa démolition : c'eft ainfi que le
plus beau fruit eft précédé de la fleur & du
bourgeon, & qu'après fa maturfté il dégénére en pulpe & en liqueurs très-différentes
de ces premiers principes ; or ce fruit paffe
pour l'objet de la premiére intention de la
nature.

Quoi qu'il en foit, cette diffolution & cette difperfion du globule fanguin eft une loi
commune aux autres efpéces de globules dé-
générés ; & c'eft-là la dernière fcéne que
jouent les principes des liqueurs qui circulent tant dans les animaux que dans les végétaux. Ces principes difperfés par toutes
les évacuations fenfibles & infenfibles, s'u-
niffent aux humidités foit de l'air, foit de la
terre, & ils font reportés par elles dans les
végetaux, où ils recommencent une nouvelle carriére, un nouveau période. Cette
efpéce de cercle, ce retour continuel des
chofes à leur premier point eft le méchanifme général de l'univers, méchanifme
admirable qui produit la ftabilité de tous
les êtres, par leur inftabilité même.

SANG.

TROISIEME PARTIE.

DES FLUIDES.

DES vaiſſeaux & des liqueurs ſuffiſent bien pour former la machine animale, mais non pas pour la mettre en jeu. Ces deux puiſſances garderoient entr'elles un repos éternel, ſans une troiſiéme, propre à leur donner le mouvement & la vie : cette troiſiéme puiſſance eſt ce que je comprends ſous le nom général de *Fluides de la machine animale* ; & ces fluides ne ſont autre choſe que des liqueurs inviſibles.

 Je diſtingue ces fluides, par rapport à leur origine, en deux eſpéces ; les uns ſont for-més dans l'animal même, du frottement de ſes liqueurs, ou du développement de leurs parties volatiles ; les autres lui viennent tous formés du dehors, par tous les paſſages de la peau, & ſur-tout par la bouche ; ceux-ci ſont les fluides de l'univers, comme l'air, la matiére ſubtile, l'eſprit univerſel, &c.

De

De ces fluides, les uns entretiennent le
mouvement de liquidité dans ces liqueurs,
comme la matiére subtile & l'air rarefié; les
autres font les coadjuteurs des précédens,
& en même temps ils fervent d'aiguillons
aux folides, dans lefquels ils appellent le
principe moteur; telles font les parties falines & volatiles des liqueurs mêmes : &
ces deux genres de fluides font enfemble le
fluide cauftique dont nous avons parlé ci-de-
devant; les autres enfin forment ce principe
moteur fans lequel tout le refte demeure-
roit inutile.

Perfonne n'ignore que tout ce qu'il y a de
mouvement ici bas, eft une dépendance effentielle du mouvement général de l'univers. Les liqueurs que nous voyons ne font
telles, ou ne confervent leur mouvement de
liquidité, qu'autant qu'elles font pénétrées
d'une quantité fuffifante de fluides de ce
lac immenfe auquel ce mouvement eft effentiel. Dans les grands froids, l'on voit une
partie des liqueurs perdre leur liquidité,
former des corps folides, de la glace : ce
grand froid de notre atmofphére n'eft qu'une
diminution de fon mouvement ordinaire,
par l'abfence ou la difette de cette matiére
fubtile, ou motrice de l'univers; c'eft donc
premiérement à la préfence de ce fluide
dans nos liqueurs, à fa quantité plus ou
moins grande, & à fon mouvement, qu'eft

FLUIDE
caufti-
que.

Principes
de la flui-
dité & de
la chaleur
de nos li-
queurs &
de nos
parties.

dû le degré de fluidité dont jouiſſent les liqueurs.

La partie la moins ſubtile de ces fluides,
telle que l'air raréfié, tient les globules de
nos liqueurs écartés l'une de l'autre, leur
donne par-là plus de jeu, plus de liberté,
moins de frottemens, à peu-près comme
l'eau, dans laquelle on feroit nager des pois,
rendroit le mouvement de ceux-ci libre &
facile.

Les expériences * faites ſur nos liqueurs,
prouvent que la ſéroſité du ſang contient
très-peu d'air : mais le ſang en a davantage ;
par exemple, un pouce cubique de ſang de
porc, a donné trente-trois pouces cubiques
d'air : auſſi le ſang ſe gonfle d'un tiers dans
la machine du vuide. Le chyle & le lait ont
plus d'air que le ſang, & les alimens plus
encore que le chyle : auſſi eſt-ce d'eux que
vient la plus grande partie de l'air, pour ne
pas dire tout l'air qui eſt dans nos liqueurs.
Les alimens perdent une partie de leur air
dans l'eſtomac & dans les inteſtins, & une
portion de cet air perdu fait les vents; le chyle
s'en dépouille auſſi un peu, en devenant ſang,
& ce ſang en laiſſe encore échapper, en devenant ſéroſité ; mais c'eſt au profit de la graiſſe, de la bile & de la ſalive qui abondent en

---

* *Par M. Halles dans ſa Statique des Végetaux ;
M. Boyle, Phyſique experimentale, & pluſieurs autres.*

air ; un pouce cubique de graiſſe en donne
dix-huit d'air ; la bile dans la machine du
vuide ſe gonfle de dix fois ſon volume, &
la ſalive de quatorze fois ſon volume : De-
là il faut conclure qu'il n'y a dans nos liqueurs que le chyle, le ſang, la bile, les
huileux & les mucilagineux, qui ſoient com-
preſſibles & élaſtiques, & que la ſéroſité
ne l'eſt point, ou preſque point. Quant au
fluide plus ſubtil que l'air, tel que la matiére ſubtile que nous avons dit pénétrer nos
liqueurs, ce fluide donne le mouvement,
& au fluide médiateur aërien, & aux globules qui nagent dans ce dernier.

A cette cauſe générale de la fluidité, il
faut ajoûter, dans la machine animale, l'*action*
des *Solides* ; c'eſt-à-dire, le mouvement du
cœur & des vaiſſeaux. Cette puiſſance ac-
ceſſoire étoit abſolument néceſſaire à des
liqueurs auſſi groſſiéres & auſſi glutineuſes
que les nôtres : on ſait que dès que cette
puiſſance ceſſe d'agir, une partie de ces liqueurs ſe coagule, perd ſa fluidité ; par
exemple, quand on a examiné un certain
temps la circulation du ſang dans le méſentere d'une grenouille, le mouvement du
cœur de cet animal languit, le ſang ſe gru-
mèle dans les vaiſſeaux : ſi vous approchez
une chandelle ou un charbon ardent du vaiſſeau où eſt le ſang grumelé, il reſte dans
cet état ; mais ſi vous portez cette chaleur

FLUIDE animal.

au cœúr, que vous le ranimiez, & qu'il fe mette en jeu, les grumeaux difparoiffent bien-tôt, & ce fang reprend fa liquidité.

Les Solides font donc les principaux auteurs du mouvement & de l'état des liqueurs; par conféquent, ils font auffi les principales fources de la vie; ainfi il n'eft pas étonnant que le fyftème des folides foit aujourd'hui fi univerfellement adopté: cependant, Meffieurs, fi l'on veut remonter aux premiéres fources, on n'en demeurera pas encore-là.

Une fubftance fenfitive & motrice eft le principe du méchanifme animal.

Toute la puiffance des folides dépend de ces trois propriétés, le reffort, la contraction & le fentiment : voilà où tous leurs phénoménes fe réduifent; ils ont un reffort naturel, ils font fenfibles aux impreffions, aux aiguillons, & en conféquence, ils agiffent ou fe contractent plus ou moins. Or, nous avons vû qu'ils n'ont en propre que le reffort primitif, ou la fimple union des principes qui les compofent; ce reffort eft une propriété morte, qui n'exécute aucune action & qui doit être comptée ici pour rien; quant au reffort organique, à la contraction, au fentiment, il eft très-clair qu'ils dépendent du fluide qui anime ces parties : les organes d'un paralytique, d'un mort, nous prouvent de refte, que les folides n'ont par eux-mêmes ni mouvement ni fentiment.

Quelle eſt donc cette ſubſtance vivifiante, ce fluide divin auquel nous ſommes redevables de ces facultés précieuſes ? Nous tâcherons, Meſſieurs, autant qu'il ſera en notre pouvoir, de vous dévoiler les myſtéres de cette ſubſtance, quand nous vous aurons démontré les organes qu'on regarde comme ſes réſervoirs ; en attendant, nous ſuppoſerons l'exiſtence de ce fluide ; nous ſuppoſerons qu'il coule du cerveau par les nerfs dans toutes les parties, & que les cavités de ces nerfs le répandent dans les fibres muſculaires, ſous le nom de fluide moteur ; nous ſuppoſerons encore que les parois des nerfs ſont elles-mêmes faites de vaiſſeaux nerveux pleins de ce fluide, ſous le nom de fluide ſenſitif *, & que c'eſt par le moyen de ces parois & de leur fluide, que les nerfs portent le ſentiment à tout le tiſſu de nos parties où ils ſe répandent : Nous tâcherons d'établir ailleurs ce que nous ne faiſons que

FLUIDE
animal.

---

* *C'eſt-à-dire, fluide organe du ſentiment ; car on a déja vû dans cette* Phyſiologie, *qu'une ame immatérielle, immortelle eſt ſeule capable de ſentiment, & que tous ces fluides ne ſont que ſes organes, ſes correſpondans, ſes miniſtres, tant pour les ſenſations que pour le mouvement. C'eſt dans ce ſens qu'il faut encore entendre le mot de* Principe ; *je veux dire, principe matériel qui eſt ſans aucune énergie, s'il n'eſt animé par le vrai principe ſenſitif qui eſt l'ame ; elle y eſt bien démontrée dans les obſervations des pages ſuiv.*

F 3

FLUIDE
animal.

Principe
organi-
que du
reſſort du
mouve-
ment &
du ſenti-
ment.

ſuppoſer ici, pour achever d'examiner en général, la part que ce fluide peut avoir aux phénoménes de l'œconomie animale.

N'a-t-on pas tout dit en faveur de ce fluide admirable, quand on l'a fait le principe organique du reſſort, du ſentiment & du mouvement? Dès-lors on conçoit que tout dépend de lui. Qu'on me cite quelque fonction dont ces facultés ne ſoient pas les cauſes efficientes. Veut-on commencer par la digeſtion? Le mouvement des mâchoires broye les alimens; les ſels de ceux-ci aiguillonnent les organes ſalivaires, puis l'eſtomac : ils excitent des mouvemens dans toutes ces parties, ils y appellent des liqueurs pareillement agitées, & ces mouvemens exécutent la digeſtion; vous voyez que dans tout ceci il n'y a que ſenſibilité & mouvement.

Paſſez à la circulation, vous trouverez un cœur & des vaiſſeaux ſenſibles à l'aiguillon des liqueurs qu'ils contiennent, & excités en conſéquence à des contractions qui donnent à ces mêmes liqueurs & le mouvement circulaire & en partie celui de fluidité. Examinez les ſecrétions, & vous conviendrez que, ſelon que les couloirs ſont tendus ou relâchés, les filtrations ſont plus ou moins abondantes, plus ou moins réguliéres, & les liqueurs filtrées, légitimes ou dépravées; qu'y a-t-il dans les cauſes de toutes ces fonctions, que reſſort, ſenſibilité, mouvement?

propriétés dépendantes toutes du fluide dont je viens de parler.

Il y a plus encore, Messieurs, quand on observe de près les phénoménes de l'œconomie animale, on y trouve quelque chose de plus qu'une sensibilité générale, & en quelque sorte machinale; on s'aperçoit que cette sensibilité est comme spontanée ou délibérative, qu'elle est jointe à une sorte de fantaisie ou d'idée, susceptible de changement, susceptible d'habitude; une observation assez commune va rendre cette réfléxion plus intelligible.

Peu de gens ignorent que quand on prend plusieurs fois de suite un même purgatif, l'estomac s'y accoûtume de façon, qu'il faut changer de drogues, si l'on veut être purgé; on sait même qu'à la longue l'estomac & tous les solides peuvent s'accoutumer aux drogues les plus pernicieuses, comme au poison, témoin Mithridate.

Mais si l'action des substances qui affectent nos organes, nos solides, étoit purement méchanique, ou si c'étoit une méchanique fondée simplement sur une sensibilité générale & uniforme, jamais cet anéantissement d'effet n'arriveroit : il est évident qu'un poids, un levier, un coin en méchanique, agissent toujours également, quelque long-temps qu'on s'en serve : le poids d'une ancienne horloge, comme celle du Palais,

F 4

FLUIDE animal.

Il y a encore quelque chose de plus qu'une sensibilité générale & en quelque sorte méchanique.

n'en eſt pas moins efficace pour ſervir depuis quatre cens ans.

On ne dira point que l'aiguillon de la manne, par exemple, s'émouſſe à la longue ; car c'eſt tous les jours une nouvelle manne dont les éperons ſont tous neufs.

Dira-t-on que l'eſtomac perd ſa ſenſibilité, que l'impreſſion continuée lui fait une eſpéce de calus ? Voilà donc l'eſtomac calleux & par conſéquent inſenſible pour tous les remédes ? Point du tout, il n'a de l'inſenſibilité que pour les aiguillons de la manne ; donnez le lendemain de la caſſe ou quelqu'autre purgatif encore plus doux, il aiguillonnera puiſſamment l'eſtomac , & plus de calus. .

Qu'eſt-ce donc qui eſt le principe de cette ſenſation fantaſque, ſinon une ſorte de dégoût, une idée de répugnance dans le fluide ſenſitif, pour l'impreſſion de la drogue purgative en général ? répugnance qui ſe perd par la répétition de la même impreſſion ; comme on ceſſe d'avoir peur d'un objet effrayant, à force de le voir ſouvent, & répugnance qui renaît , comme notre frayeur, par la préſence d'un nouvel objet de terreur.

Vous avez cru juſqu'ici, que la manne purgeoit en ſecouant les ſolides de la même façon que l'archet fait rendre du ſon à une corde de violon, en la faiſant trémouſſer, & vous vous êtes trompés ; car la corde

trémouffe toujours fous le même archet, fous
la même colophane, elle ne s'y accoutume
point ; au lieu que votre eftomac, vos folides s'accoûtument à la manne ; le pourquoi
phyfique de cette habitude eft encore un
myftére , parce qu'il dépend de la nature
d'une fubftance que nous ne connoiffons
guére ; mais le fait n'en eft pas moins vrai.

Quelque merveilleufes que foient ces
qualités , Meffieurs , quelqu'étendue que
nous ayons donnée à la puiffance, au domaine du fluide animal, nous n'avons rien
exagéré ; je ne fai même fi ce qui nous refte
à en dire, n'eft pas plus admirable.

Non-feulement ce fluide eft le principe
du reffort, du mouvement & du fentiment ;
mais, ce qui vous paroîtra peut-être plus effentiel encore, il communique à nos parties
une efpéce d'incorruptibilité, fans laquelle
tous les mouvemens dont il eft le principe,
ne ferviroient qu'à détruire, à diffoudre la
machine : Oui, Meffieurs, pour peu qu'on y
réfléchiffe, on voit que toutes les caufes qui
donnent le mouvement de fluidité à nos liqueurs, tendent auffi à diffoudre, & ces liqueurs, & les vaiffeaux qui les renferment,
& peuvent paffer également pour principes
de fluidité, & de diffolution. Pour s'en convaincre, il ne faut que fe rappeller l'action
du fluide cauftique, dont nous avons par-
couru quelques effets ; il ne faut que faire

FLUIDE
animal.

Fluide
conferva-
teur ou
vital.

attention à cette diſſolution , dans laquelle tombe une partie privée de vie , c'eſt-à-dire , abandonnée par le fluide animal à la ſeule action de ſes liqueurs.

Principe
de l'in-
corrupti-
bilité d'u-
ne partie
vivante.

Qu'eſt-ce qui fait donc que les parties d'un animal vivant ſe ſoutiennent, ſe conſervent, réſiſtent à ces principes de diſſolution , tandis qu'on voit tomber en pourriture les parties d'un animal mort , ou même celles d'un animal vivant, dans leſquelles les eſprits ne reluiſent plus , pour me ſervir de l'expreſſion ordinaire?

Juſqu'ici on a attribué cette lumiére, cette vie des parties à la circulation qui s'y fait ; mais où nous méne cette explication , quand on l'aprofondit? Par quel méchaniſme la circulation des liqueurs empêchera-t-elle la diſſolution des vaiſſeaux ? N'eſt-ce pas cette circulation qui eſt une des cauſes capitales du mouvement des liqueurs , de leur choc contre les ſolides? N'eſt-ce pas elle qui y produit la chaleur ou le fluide cauſtique , & par conſéquent le principe de diſſolution ? La circulation, par elle-même , ne peut donc que hâter la diſſolution des parties , & c'eſt pourquoi la pourriture dans un animal vivant, eſt ſans comparaiſon plus prompte que dans un animal mort.

Quand on voudroit penſer que le mouvement progreſſif donné aux liqueurs par la circulation , rallentit leur mouvement inteſtin & de diffolution, à quoi ferviroient ces prétendus avantages pour le tiffu des parties dans lequel cette circulation eft fi lente, qu'on eft convaincu, qu'il lui faut des mois, & même des années, pour y faire quelques pouces de chemin? Que dis-je, des mois & des années? Suivant les calculs de Verdries, il y a dans le corps humain des canaux fi prodigieufement petits, que pour laiffer écouler la pefanteur d'un grain de leur fluide, il leur faudroit plus de cent foixante mille ans; quels fecours attendre d'un pareil mouvement progreffif?

D'où vient donc ces liqueurs ne diffolvent-elles pas la partie où elles féjournent fi long-temps, pendant qu'en vingt-quatre heures elles jettent cette partie dans une diffolution complette, dans un fphacele * parfait, fi le principe de vie l'abandonne? Ce principe de vie, Meffieurs, c'eft le fluide animal; c'eft donc encore à lui qu'on eft redevable de cette confervation; cette fubftance précieufe eft donc néceffairement un fluide inaltérable; c'eft le vrai mercure de vie des difciples d'Hermez. Tant que les folides & les liqueurs font imbus de ce fluide, il en ferre les principes, il les tient unis, il empêche les liqueurs de fe fermenter, de fe décompofer, il défend les foli-

____

* *Le fphacele eft la pourriture totale d'une partie.*

**FLUIDE
animal
ou vital.**

des de l'impulfion des particules des li-queurs, & par-là il communique, en quel-que forte, à l'un & à l'autre fon incorruptibilité ; mais dès que ce même fluide abandonne ou en partie ou totalement l'animal, les mouvemens deftructeurs prennent le deffus, la maladie fuccéde à la fanté, & la mort à la vie.

**Principe
de l'effi-
cacité des
remédes.**

Si la vie, la fanté, la maladie dépendent principalement du fluide animal, on fent bien que c'eft encore à lui que nous devons l'efficacité des remédes ; il eft dans l'œconomie animale le feul principe actif, miniftre immédiat de l'ame ; fans lui tout le refte eft purement paffif ; ce n'eft donc que fur lui & que par lui que les médicamens peuvent opérer. Qu'eft-ce que produiroit le reméde le plus violent fur une partie privée de ce fluide ? Qu'eft-ce que feroit un véficatoire, un cautére fur une partie morte ? Ce qui eft vrai pour l'extérieur l'eft également ment pour l'intérieur, c'eft le même méchanifme.

C O N C L U S I O N
de ce Discours.

QUOIQUE je vienne de démontrer, Messieurs, une espéce de despotisme dans le fluide animal de notre machine , ce grand pouvoir n'empêche pas que les trois puissances, qui composent l'œconomie animale, ne concourent toutes à l'harmonie qui y régne , & ne s'entr'aident réciproquement.

Les *Fluides*, premiers mobiles & conservateurs des autres, donnent à tout, le mouvement & la vie.

Les *Solides*, remués par les fluides, contiennent, remuent & modifient * à leur tour les liqueurs.

Ces *Liqueurs*, gouvernées par les solides, font en même-temps leurs collégues , elles font équilibre avec eux , & leur fournissent le principe de leur mouvement même, puisqu'elles contiennent les matériaux dont se forment les fluides moteurs.

Enforte que le liquide qui est comme l'esclave, le jouet des deux autres puissances ,

3. Puissances & 3. équilibres concourent à la conservation & au bien-être de l'œconomie animale.

Les trois puissances font : 1.° Les Fluides. 2.° Les Solides. 3.° Les Liqueurs.

____

* *Ce font eux qui dans un arbre greffé, transformens en une pêche , des liqueurs qui alloient faire une prune.*

eſt en même-temps l'hoſpice des fluides, l'é-
mule des ſolides & la ſource de toute la
force dont ils jouiſſent : elles ne régnent
elles-mêmes ces puiſſances, qu'autant que
cet eſclave les conſerve dans ſon ſein, les
ſuit par-tout, & leur porte l'aliment de leur
ſubſiſtance. Les liqueurs ſont comme le
peuple du corps animé, les ſolides en ſont
les gouverneurs, & le fluide en eſt en quelque ſorte le maître & le ſouverain. Toutes
ces puiſſances, quoique ſubordonnées, ſont
dans une dépendance réciproque, elles forment une eſpéce de corps politique, où tous
les états ſont également néceſſaires, & où
la paix, c'eſt-à-dire, la ſanté, dépend de
l'équilibre entre ces puiſſances : car la vie

Les trois
équili-
bres ſont;

conſiſtant dans l'action de toutes ces puiſſances l'une ſur l'autre, la ſanté ne peut
être autre choſe que l'harmonie de leurs
mouvemens.

1.º L'é-
quilibre
des li-
queurs &
des vaiſ-
ſeaux.

Or, par tout ce que nous avons vu à
l'article des ſolides, on comprend que cette
harmonie ne peut ſubſiſter, ſans une certaine proportion entre les parois des vaiſſeaux & les liqueurs qu'ils contiennent ;
parceque cette proportion eſt néceſſaire au
mouvement libre & vigoureux des liqueurs ;
que ce mouvement des liqueurs eſt eſſentiel
à la formation & à la ſecrétion des fluides,
du fluide vital lui-même, & de toutes les
liqueurs qui concourent avec lui aux fonc-

tions de la machine. *L'équilibre entre les vaiſſeaux & les liqueurs* eſt donc le premier principe eſſentiel à la vie.

Nous avons diſtingué ci-devant deux ſortes de fluides dans nos parties ; le *Fluide conſervateur* qui tient, pour ainſi dire, toutes les piéces enſemble, & le *Fluide cauſtique* qui eſt le deſtructeur, le diſſipateur de l'œconomie animale. Cette eſpéce d'anti-œconomie eſt eſſentielle à la machine, en ce que ſon aiguillon anime les ſolides, y appelle les eſprits, entretient la chaleur & le mouvement dans les liqueurs : il y eſt ce que le ſel, les épices, les liqueurs vineuſes ſont dans les alimens, ou plutôt il eſt l'ame de toutes ces choſes ; ſans lui l'animal ne ſeroit qu'une ſtatue, une concrétion, ou plutôt l'animal ne ſeroit point ; mais autant une médiocre quantité de ce fluide eſt néceſſaire, autant ſon excès eſt pernicieux : c'eſt alors un brûlot qui porte l'incendie & la diſſolution par-tout, & qui détruit immanquablement la machine. C'eſt donc encore de l'équilibre, *entre ce Fluide cauſtique & le Fluide conſervateur*, que dépend l'harmonie de la machine ou la ſanté, & mille maux que nous vérrons dans la Pathologie, dérivent du défaut de cet équilibre.

La concorde que nous venons d'établir entre les deux ſortes de puiſſances précédentes, eſt néceſſaire ſans doute ; mais elle

2.º L'équilibre du fluide conſervateur & du fluide cauſtique.

3.º L'équilibre du fluide

ſenſitif,&
du fluide
moteur. .ne ſuffit pas encore pour la conſervation &
le bien-être de la machine.

Vous vous ſouvenez, que les fonctions de l'œconomie animale roulent ſur deux capitales, le *ſentiment* & le *mouvement :* le mouvement eſt produit principalement par le fluide animal, qui coule dans la cavité des nerfs ; le ſentiment eſt dû à la portion de ce fluide, qui gonfle les parois même des nerfs ; l'un & l'autre n'étant dans ces deux fonctions, que les organes immédiats de l'ame.

Les nerfs ſuivent en cela les loix générales des vaiſſeaux établis dans l'article des ſolides.

Leurs parois trop gonflées de fluide ſenſitif, par exemple, à l'occaſion d'une certaine irritation, étrangleront leur cavité, & empêcheront le fluide moteur d'y paſſer ; d'où il arrivera une langueur dans tous les reſſorts de la machine, & peut-être leur fixation totale, ſuivant le degré de l'étranglement : c'eſt à cette cauſe qu'il faut attribuer les déſordres de la fiévre, le principe des maladies inflammatoires, & tant d'autres pour leſquelles on ouvre en vain des cadavres dans l'eſpérance d'y trouver des cauſes viſibles de la mort.

Au contraire, ſi les tuyaux nerveux qui compoſent les parois des nerfs ſont trop peu fournis de fluide ſenſitif, ces parois s'affaiſſeront, la cavité des nerfs s'effacera &

laiſſera

laissera encore passer peu ou point de fluide moteur, & de-là les accidens généraux du cas précédent. En un mot, on ne sauroit regarder comme une chose indifférente à l'œconomie animale le vaisseau nerveux, son fluide & le mouvement de ce fluide qui dépend de sa proportion avec son vaisseau ; & l'on doit raisonner sur cette proportion , conformément à celles que j'ai établies en général entre les vaisseaux & leurs liqueurs.

L'harmonie de la machine exige donc essentiellement un *équilibre* entre les parois des nerfs & le fluide contenu, ou *entre le Fluide sensitif & le Fluide moteur* ; & la plûpart de nos maladies, sur-tout celles du genre nerveux, qui sont peut-être le principe de toutes les autres, ne viennent que de cet équilibre rompu.

DES TEMPERAMENS.

LES trois équilibres que nous venons d'établir comme les bornes de l'harmonie de la machine où de la santé, ne sont pas des points indivisibles comme ceux des équilibres méchaniques que le poids d'un grain, & bien moins encore, peut rompre, dans une balance exacte ; nos santés exposées comme elles le sont aux chocs, aux injures de toutes les especes, des corps fluides qui nous environnent & nous pénétrent, seroient des chefs-d'œuvres auxquels nous n'atteindrions jamais, fi ces équilibres étoient fi rigoureux, fi étroits ; il falloit donc qu'ils euffent une certaine largeur, fi l'on peut dire, comme le zodiaque célefte, une étendue dans laquelle les diverfes irrégularités des puiffances expofées ci-devant, ne fuffent pas cenfées irréguliéres, ou au moins n'allaffent pas jufqu'au défordre qui fait la maladie.

En fe rappellant les divers excès dont chaque puiffance eft capable, on imaginera aifément les degrés médiocres de ces excès qui refteront dans les limites précédentes ; mais je crois devoir entrer ici dans quelques détails, fur les efpéces de ces petits excès, qui, felon moi, conftituent les divers tempéramens, tous placés dans le zodiaque de la fanté, s'il m'eft permis de me fervir de cette expreffion.

Chaque fexe a d'abord fes différentes conftitutions, qu'on peut regarder comme faifant fon tempérament caractériftique.

Tempérament du mâle.

Le mâle eft né plus corpulent, plus vigoureux, plus courageux de corps & d'efprit.

Il doit tous fes talens & peut-être la détermination, ou la premiére formation de fon fexe, à un fluide animal, moteur, formateur, originairement plus abondant, d'où réfultent des magafins, & des canaux de ce fluide, plus grands, plus folides, plus remplis de fucs & de fluide nerveux , & delà des actions de ces organes plus fortes, plus fermes ; la liqueur particuliére à fon fexe , y ajoute une énergie particuliére , parcequ'elle eft elle-même le magafin d'un fluide tout nerveux.

La femelle gagne en délicateffe ce qu'elle perd en folidité ; fon fyftême nerveux, plus fréle , eft auffi plus fufceptible d'ébranle- mens , de fenfations fines , & de tous les avantages qui dérivent de cette fineffe. Heureufe ! quand elle eft garantie des foibleffes qu'entraine auffi cette conftitution , par une raifon fupérieure qu'il n'eft point rare de trouver dans les femmes. On atribue au fexe, comme une fuite de fa foible conftitution , une fupériorité des liqueurs fur les vaiffeaux, une pléthore de ceux-ci dont on tire des conféquences importantes ; mais cette pléthore a grand befoin d'être prouvée.

Chaque âge dans les deux fexes a fon tempérament particulier.

Dans l'enfant, il n'y a encore que le canevas des parties folides; il n'eft que liqueurs, & furtout liqueurs aqueufes, mucilagineufes, nourriciéres.

Son fiftême nerveux n'eft qu'un rézeau ; fes fucs médullaires affociés du fluide animal, font trop limphatiques pour avoir la confiftance requife ; la moindre fenfation

G 2

ébranle donc à l'excès de pareils organes ; delà les pleurs, les ris , les défirs immodérés de cet âge pour des riens.

De la femme-lette. Ce qu'on appelle femmelette, tient un peu de cette conftitution des enfans ; parceque la tiffure frèle des nerfs , naturelle au fexe eft un peu rapprochée dans celle-ci du fimple rézeau qui conftitue celui de l'enfant.

Du con-valefcent. Le convalefcent eft fujet aux mêmes foibleffes ; la maladie l'a épuifé de liqueurs vitales, nourriciéres & fpiritueufes : le cerveau, les meninges, les nerfs ont été vuidés de ces fucs, qui pénétrant leur tiffure intime , y refident , & y conftituent le premier principe de la vigueur ; l'altération n'a pû être portée jufqu'à diminuer la folidité de fes nerfs, mais par cette perte générale , elle a ramené la ftructure de ces folides , vers cet état creux & frèle de ceux des enfans ; le fluide des nerfs y eft même en difette , & noyé de limphe ; il manque de cette confiftance qui fait la force de l'agent de la machine, il eft donc auffi le jouet des fenfations & des paffions.

De l'ado-lefcent. L'adolefcent garde le milieu entre l'enfant & l'adulte ; mais il eft dans l'âge du developpement des facultés propres à fon fexe & des plus grands progrès de fon acroiffement, parceque fes nerfs commencent à prendre de la folidité , fon fuc nerveux une

confiftance, & par conféquent fes efprits,
une abondance & un degré de fubtilité,
d'activité, qu'ils n'avoient pas encore. Ces
changemens & les développemens qui en
refultent, opérent des révolutions dans les
glandes qu'on verra ci-après être des organes nerveux, où fe dépofe ce fluide actif,
& où fe fait fon affociation avec les liqueurs
artérielles. Ces révolutions ne s'exécutent
guéres fans obftacles, furtout leurs préliminaires; & elles font fouvent accompagnées
d'excès qui occafionnent alors dans ces
glandes des engorgemens, des dépots même
plus ou moins nombreux, auxquels on a
donné, à caufe de cette époque, le nom de
Gourme.

L'adulte dans lequel les folides féroient
entr'eux dans un équilibre parfait, feroit de
cet heureux tempérament qu'il eft trop rare
de trouver, & qui fait cette fanté, qui, aidée de la fobriété, fait le principe de la vie
centenaire.

De l'a-
dulte.

Le tempérament le plus riche après le
précédent eft celui où le fyftème liquoreux,
& furtout le fanguin eft dominant, parcequ'un fluide confervateur abondant donne
aux globules gélatineufes l'affinité necef-
faire à leur copieufe union, & qu'un fluide
cauftique médiocre, mais fuffifant, donne
à leur compofé la folidité, la tiffure & la
porofité qui lui font néceffaires; qu'enfin un

Tempé-
rament
fanguin.

fluide moteur, modérément vigoureux, les pouffe dans des capillaires, fouples, amples, qui ne les brifent gueres; delà découlent tous les avantages du tempérament fanguin qui eft celui des enfans de la joie.

Si vous avez un genre nerveux, dont la richeffe aille jufqu'au luxe, fi fes fluides dominent fur la maffe des liqueurs, fi fes houpes nerveufes font plus nombreufes que les feuilles du plus ferrile de tous les arbres, plus épanouies que les rofes les plus belles, ils procureront aux organes des fenfations, beaucoup de fenfibilité, aux folides, des mouvemens vigoureux, aux vaiffeaux capillaires, une grande refiftance aux liqueurs; celles-ci feront donc vivement triturées, le fluide cauftique fera abondant, & prédominant; le globule fanguin fera plus décompofé, & de ces ruines, *pag.* 78, vous aurez plus de bile formée; de cette bile portée fur les houpes nerveufes des inteftins, réfulteront des impreffions plus vives, & un ton plus ferme de tout le fiftéme nerveux; de cette même bile dans le fang dont elle fait l'épice, refultera le même aiguillon fur les parois des vaiffeaux & la réaction de ceux-ci, & *ce temperament* ardent fera le *bilieux.*

On fent qu'il nous feroit aifé de tirer de ces principes, l'explication de toutes les propriétés attribuées à ce tempérament, fi nous voulions nous appéfantir fur ces matiéres.

Suppofez maintenant un genre nerveux foible, peu d'efprits dans un grand corps, vous aurez l'automate hydraulique du *Phlegmatique*.

Ajoûtez à cet authomate des nerfs plus fermes, un fluide fenfitif prédominant, il fera le *Mélancolique :* Et les combinaifons de ces excés d'équilibres donneront des tempéramens compofés. Si vous avez à choifir, faites-vous en un du fanguin & du bilieux & n'en abufez pas.

Tous ces tempéramens dans la vieilleffe reçoivent des changemens qui font propres à cet âge, & qui en font un tempérament particulier. Comme nous avons tiré celui de l'enfance du défaut d'accroiffement de fes parties, nous prendrons celui des viellards dans l'excés de ce même accroiffement.

Depuis le premier inftant de notre formation jufqu'au dernier de notre vie, nous ne ceffons pas un moment de croître *. Jufqu'à l'age de 25 ans notre accroiffement eft vifible parce qu'il fe fait en dehors, c'eft-à-dire, parceque le tiffu de nos parties, étant

Phlegmatique.

Mélancolique.

Tempérament des vieillards.

Caducité, mort de vicilleffe.

---

* *Cette doctrine & toutes les conféquences que j'en vais tirer, font connues de tous ceux qui affiftent à mes cours publics, depuis environ 30 années : je ne les tiens de perfonne ; & je doute que ceux qui les ont publiés longtemps après cette époque, juftifient auffi authentiquement leur propriété.*

G 4

encore mou, tendre, il fe prête à l'impulfion du fuc nouricier pouffé dans fes interftices par les puiffances motrices des fluides
de la machine.

Mais paffé cet age, ce tiffu devenant
trop ferme, trop folide pour fe prêter ainfi
& s'étendre, alors le fuc nourricier s'affimile
dans les pores mêmes qu'il ne peut élargir;
il les remplit d'autant, & l'acroiffement fe
trouvant, par-là, borné au dedans de nous,
nos pores le rempliffent infenfiblement; des
filiéres qui étoient creufes dans les jeunes
gens, deviennent pleines & folides dans les
fujets plus âgés, & c'eft de ce malheureux
acroiffement intérieur que dépend la cadu-
cité de la vieilleffe, & la mort qui la fuit néceffairement. Car les nerfs eux-mêmes s'obf-
truant & devenant intérieurement folides
comme ces canaux de fontaines qui s'in-
cruftent de ftalactites, ils ceffent de porter
le fuc nerveux aux divers organes des filtrations, du fentiment & du mouvement,
delà la langueur de toutes ces fonctions.
Ceux de la génération n'ont plus cette liqueur princeffe, qui, non-feulement rend
capable de propagation, mais qui refluant
dans les autres liqueurs, & par elle, dans
tous les folides, donne une vigueur fingu-
liére à tout l'animal. Le tiffu de toutes les
parties privé de la quantité fuffifante de ce
principe de vie, manque de reffort pour

faire circuler les liqueurs : le fang, la limphe, s'arrêtent, s'accumulent dans ces tiſſus; delà les puſtules, les inflammations, dartres, fluxions, cathares, rhumatiſmes, gouttes & autres bénéfices des vieillards. La diſtribution du ſuc nerveux très-diminuée, combinée avec celle du ſang, & de la chaleur nécefſaires au mouvement muſculaire, produit une diminutiőn proportionnée, dans les forces, & cependant le ſuc nerveux conſervateur, inférieur encore en quantité au fluide cauſtic, laiſſe la machine en proye à ce dernier; delà les ardeurs noĉturnes aux reins, aux entrailles, le peu de ſommeil des vieillards, les gangrénes ſeches *, &c. Le paſſage de cette petite quantité de fluide nerveux, & de ſang eſt encore difficile, interrompu, peu obéïſſant à la volonté; delà le tremblement ou les mouvemens peu ſurs, diſcontinus; la rigidité des fibres mêmes devenues ſolides, peu obéïſſantes auſſi, contribuent à la difficulté de ces mouvemens & aux irrégularités précédentes; & ces accidens s'étendant juſqu'aux filiéres deſtinées aux facultés de l'eſtomac, celui-ci digére peu. Ce paſſage du fluide nerveux n'en demeure pas toujours à la difficulté;

---

* Lumbi mei impleti ſunt illuſionibus & non eſt ſanitas in carne mea. Vigilavi & faĉtus ſum ſicut paſſer ſolitarius in teĉto. *David. Pſal.*

il ceffe quelquefois dans certaines parties, & delà la paralifie, la gangréne, dont je viens de parler. Enfin ou cette paralifie eft générale, ou elle attaque feulement les mouvemens de la refpiration ou de la circulation, & dans ces deux cas, elle arrête toute la machine ; ou les maladies inflammatoires que ce défaut général de vie produit, s'accumulent fur quelques organes précieux, d'où pervertiffant tout ce qui refte de fluide animal, elles éteignent entiérement la vie, comme il arrive dans toutes les maladies mortelles des jeunes gens même, lefquels font en quelque forte des vieilleffes précipitées ou accidentelles.

Que ceux donc qui fe propofent, comme les fcrutateurs de la pierre philofophale, de rendre les hommes immortels, fe mettent d'abord dans l'efprit qu'il faut, non feulement que leur panacée préferve le fluide des nerfs de toute altération, de toutes fuppreffions, mais encore, chofe beaucoup plus difficile, qu'elle fufpende toute efpéce d'acroiffement chez nous, fans nuire à nos fluides, ou qu'elle détermine cet acroiffement à fe faire toujours en-déhors, en confervant éternellement à nos folides la foupleffe de la jeuneffe. Ce dernier fecret, le plus beau de tous, fans doute, rendroit l'homme d'autant plus grand, d'autant plus fort, plus redoutable, qu'il feroit plus

âgé ; c'eſt vraiment dans ce cas que la vieilleſſe feroit reſpeétable. Malheureufement
ces problêmes ſont évidemment contraires
aux loix de la nature, & nous ne devons
nous promettre d'allonger un peu cette
courte vie que par la fobriété, & de mériter les reſpeéts de nos concitoyens, que
par le fage emploi que nous aurons fait du
petit nombre de jours que le ciel nous accorde.

Telles font, Meſſieurs, les puiſſances de
l'œconomie animale ; telle eſt en général
leur nature ; tels font leurs pouvoirs, leurs
droits reſpeétifs : j'ai cru devoir commencer par ces principes généraux, pour vous
conduire avec plus d'ordre, & d'un pas plus
aſſuré aux détails de Phyſiologie dans leſquels m'engagent les démonſtrations que je
vais avoir l'honneur de vous faire.

FLUIDE

ANIMAL.

DU FLUIDE ANIMAL;
de sa nature & de ses fonctions.

LES organes que nous venons de démontrer, Messieurs, sont les plus précieux de toute la machine animale. Ce cerveau *　où nos foibles yeux voyent si peu de choses, est pourtant le trône de cette substance sublime & singuliére, qui apro-

Après la démonstration du cerveau & des nerfs.

---

* J'entends ici par cerveau tout ce qui est contenu dans le crâne, c'est-à-dire, le cerveau proprement dit, le cervelet, la moelle allongée & leurs envelopes, qui sont la pie-mere & la dure-mere, qu'on appelle

fondit tout , connoît prefque tout, hors elle-même, qui pénétre les efpaces immenfes des cieux , & ne voit que confufément autour d'elle, qui comprend la ftructure de ce vafte univers , & ignore celle de fon propre logement.

Ce même cerveau eft dans les animaux le réfervoir de ce fluide animal qui , comme on l'a vû ci-devant , fait la fuprême puiffance de ce gouvernement : c'eft pourquoi nous commencerons , par ce chef , l'hiftoire de nos fonctions.

Ces nerfs , cette moelle épiniere que nous venons de voir , font autant de fleuves qui portent à toutes les parties ce fluide, principe du fentiment, du mouvement & de la vie.

L'Exiftence de ce fluide eft prefqu'auffi démontrée, que celle de notre fubftance penfante. Que des accidens affaiffent le cerveau * , ferment le principe des nerfs , l'ani-

Son exiftence.

meninges ; *on diftingue dans le cerveau deux fubftances , une extérieure , appellée* corticale *ou* cendrée ; *on croit qu'elle eft compofée des filiéres qui féparent les efprits animaux du fang où ils étoient mêlés : la feconde fubftance du cerveau , eft appellée* Médullaire; *on penfe qu'elle eft formée par les tuyaux qui portent les efprits féparés dans les nerfs.*

** Nous lifons dans l'hiftoire de l'Académie des Sciences en 1705 , p. 54 , qu'un criminel pour éviter le fupplice qui l'attendoit , fe lança la tête la première contre le mur de fon cachot , & mourut fi fubitement ,*

mal tombe fur le champ fans vie : qu'une portion de la moelle épiniére foit compri-mée *, que des nerfs particuliers foient liés ou obftrués, les parties où ces canaux fe portent, perdent le mouvement & le fen-timent.

Voilà ce que les accidens journaliers nous apprennent ; mais voici une expérience plus convaincante encore. Après avoir lié le nerf diaphragmatique , & avoir par-là ôté

Son exif-tence.

Preuve évidente d'un flui-de conte-nu dans les nerfs.

qu'on ne trouva pas même de contufion à la tête : mais intérieurement le cerveau , le cervelet & la moelle al-longée étoient extrémement affaiffés.

* Cette compreffion arrive dans les luxations de l'épine , qui font toujours fuivies de la paralifie des parties fituées au-deffus de la luxation & de la mort même , lorfqu'elles font complettes & des premiéres vertebres.

La fection de la moelle épiniére fait le même effet ; nous avons un exemple de chacun de ces cas dans les pag. 66 & 67 du premier volume des maladies des Os de M. Petit. La doctrine que j'expofe ici & dans les pages fuivantes , fur le fluide animal , fait le fond du Traité du fluide des nerfs , qui précéde celui du mou-vement mufculaire , dans le Mémoire qui a remporté le prix fur ce fujet à l'Académie de Berlin. Si j'impri-mois ma Pathologie , on y trouveroit de même tous les germes des Mémoires que l'Académie de Chirurgie a couronnés. Parceque ces efpéces de boutures ont donné dans des champs voifins des productions plus étendues , je n'ai pas cru devoir en retrancher les ar-bres des pépiniéres , où elles font une partie effentielle d'un plan, d'un affortiment général.

Son exis-
tence.

le mouvement au diaphragme, si vous pres-
sez ce nerf entre les doigts, comme pour
en exprimer le fluide, depuis la ligature
jusqu'au diaphragme, vous verrez que le
mouvement revient à ce muscle, par cette
sorte d'expression ; mais en répétant plusieurs fois cette manœuvre, on épuise le
nerf, & l'on ne rend plus le mouvement au
diaphragme : cependant si vous déliez en-
suite ce même nerf, comme pour le laisser
remplir de son fluide, le diaphragme se remet d'abord en jeu ; liez de nouveau & ré-
pétez l'expérience précédente, elle vous
réussira encore.

Cette preuve d'un fluide contenu dans
les nerfs, me paroît sans replique, & je
n'en veux point d'autres pour faire taire
ceux qui nient ce fluide, qui regardent les
nerfs comme de simples cordes, & qui placent l'ame au concours de toutes ces cordes,
dans une fonction presque semblable à celle
d'une araignée placée au centre de sa toile.

Nature
du fluide
animal.

Autant l'existence du fluide animal est
évidente, autant sa nature est obscure. On
veut que ce fluide soit la portion la plus
subtile de nos liqueurs, filtrée par le cerveau : on se persuade aisément que le cerveau est un filtre * ; il a une substance

---

* *Un* filtre, *un organe de secrétions, est une espéce
de crible, qui sépare un fluide d'un autre fluide où il*

corticale

corticale, comme les reins ; fa fubftance médullaire doit être regardée comme tubulai-
re, & les nerfs en font vifiblement les canaux excrétoires.

Mais qu'y a-t-il dans les liqueurs de l'a-
nimal qui foit propre à couler dans ces organes, & à produire les phénoménes anné-
xés à leur fluide? L'huile la plus éthérée eft
un marc trop groffier, trop palpable pour
y prétendre, & les huiles en général pour-
riffent les parties nerveufes; le fel le plus
volatil n'eft pas plus fortable, & il porte
encore avec foi une action irritante, incom-
patible avec ces organes ; chacun connoît
l'irritation violente que produit l'efprit volatil de fel ammoniac préfenté feulement
au nez , & l'on fait par expérience que
l'ufage continué du volatil le plus délié,
deffèche les nerfs, & leur ôte l'action & la
vie. Ce qu'il y a de plus fluide & de plus
doux dans nos liqueurs , c'eft la limphe, la
férofité , l'eau enfin ; mais eft-il croyable
que ce fluide animal , qui eft néceffairement
fi fubtil, fi actif, fi impétueux, ne foit que
de l'eau ? Si vous dites que cette eau eft
raréfiée en air , ou mêlée de beaucoup d'air,

Nature
du fluide
animal.

Il n'y a
rien dans
les li-
queurs
qui foit
propre à
former le
fluide
animal.

---

*étoit mêlé : le vaiffeau qui fait cette féparation , s'ap-
pelle* vaiffeau fecrétoire ; *celui qui charie là liqueur féparée , fe nomme* vaiffeau excrétoire ; *la fonction eft
appellée* fecrétion, *c'eft-à-dire , féparation.*

nous n'en sommes pas plus avancés ; suivant les expériences de Muskenbrock, l'air lui-même ne peut pénétrer les porosités de nos membranes , accessibles à l'eau & aux autres liqueurs : il est donc encore moins propre que les fluides précédens à faire l'esprit animal ; & d'ailleurs quelles qualités a l'air pour des fonctions aussi merveilleuses que celles de cet esprit ? La matiére du feu , beaucoup plus subtile que l'air , ne l'est pas même encore au degré requis pour ces phénoménes ; les soufres les plus grossiers font ses alimens, & la violence de ses effets sur les corps les plus poreux , est un sûr garant de sa grossiéreté & de son exclusion. La lumiére qui paroît plus propre à ces fonctions sublimes , n'est pas même proportionnée à la nature du fluide animal ; puisque dans l'organe de la vue , si cette lumiére tombe sur la partie moëlleuse du nerf optique , qui est remplie de ce fluide animal , & qu'elle peut y affecter immédiatement, elle ne fait aucune impression sur ce fluide, & l'on cesse alors de voir l'objet dont elle porte l'image ; enforte que pour communiquer son impression à ce fluide animal , elle a besoin , comme les corpuscules des odeurs & des saveurs , de la médiation d'une membrane solide.

Où chercher donc, Messieurs, le fluide du cerveau & des nerfs , cette espéce d'a-

me du régne animal *, finon dans ce même
efprit univerfel qui anime & vivifie l'univers
entier ?

Si l'on a donné à la machine animale le
nom de petit monde, à caufe de la confor-
mité de fes mouvemens, & de fes phénoménes avec ceux de l'univers, on doit réciproquement regarder le monde comme un
grand animal, comme le maître animal,
dans lequel & par lequel vivent tous les
autres, à peu-près comme le fœtus dans le
fein de fa mére vit d'une vie commune avec
elle : qui douteroit de cette vérité, pourroit bien n'avoir jamais penfé que la chaleur
& la lumiére dont il jouit, lui viennent du
foleil & des aftres qui l'environnent. Or ,
ces aftres eux-mêmes doivent leur éclat, la
durée de leur mouvement , à un mobile
inaltérable , à une efpéce d'ame de l'univers, fans laquelle, la contrariété des mouvemens ** de cette vafte machine la réduiroit

Son ori-
gine,

Le mon-
de & l'a-
nimal
ont pour
commun
mobile ,
ce fluide
inaltéra-
ble au-
quel le
mouve-
ment eft
effentiel.

* Efpéce d'ame très-imparfaite, puifqu'elle eft matérielle, & qu'elle n'eft proprement que l'inftrument de
la vraie ame. C'eft dans ce fens métaphorique qu'on
emploie le mot d'ame, ici, & dans plufieurs autres
endroits de cet ouvrage.

** Quelque mouvement qu'on fuppofe dans les fluides de l'univers, foit qu'on y admette les petits tour-
billons de Mallebranche & de M. de Moliéres, foit
qu'on y reconnoiffe un mouvement inteftin ou en tous
fens, on eft obligé de reconnoître dans tous ces mou-

H 2

à la fin à un repos éternel. C'eſt donc à ce premier fluide moteur, à cet eſprit univerſel que ſont dûs primitivement tous les mouvemens qui ſubſiſtent dans l'univers, & par conſéquent ceux auſſi dont jouiſſent les animaux.

Ce premier mobile eſt trop ſubtil, trop éloigné de la nature des corps ordinaires, pour les remuer immédiatement.

On conçoit que de ce premier fluide, à ceux qui nous ſont ſenſibles, il y a une longue généalogie de fluides de moins en moins ſubtils que ce premier. Celui-ci n'a de priſe que ſur les fluides ſecondaires les plus ſubtils ou les moins éloignés de ſa nature, il s'en ſert comme d'inſtrumens, pour remuer tout le reſte, tandis qu'il eſt lui-même l'inſ-

---

vemens des oppoſitions réciproques, des chocs, d'où il réſulte néceſſairement des pertes continuelles du mouvement, leſquelles épuiſeroient à la fin celui qu'on obſerve dans l'univers, s'il n'etoit réparé ſans ceſſe par l'action d'une autre famille de fluides, à laquelle le ſuprême Architecte a attaché le mouvement, comme un attribut eſſentiel. Je prouverai plus amplement cette vérité dans un autre Ouvrage : cette note doit ſuffire ici : mais il faut bien ſe garder de prendre ce fluide pour l'ame du monde des Platoniciens. C'eſt ici une matiére créée, miſe en mouvement & perpétuellement conſervée dans ce mouvement par l'Etre Suprême, ſeul premier principe de toute ſubſtance & de tout mouvement.

trument de la vraie fubftance motrice.

Mais comment l'animal reçoit-il la précieufe influence de cet efprit univerfel, par
quel organe, par quelle fonction eft-il introduit & mis en œuvre dans ce merveilleux
compofé?

Quelle que foit cette fonction, elle doit
être dans une action perpétuelle, puifqu'elle
eft le canal de la vie; & ce canal doit communiquer d'une part avec les fluides de l'u-
nivers, & de l'autre avec ceux de l'animal.

Or, où peut-on mieux rencontrer un pareil canal de communication, que dans la
trachée artére, une pareille fonction, que
dans la refpiration?

Ce fiftême, Meffieurs, n'a quafi befoin
d'autre preuve que de fa fimple expofition
& de fon application naturelle, néceffaire
même, à tous les phénoménes : c'eft ce
qu'on verra dans le cours & de cette Phyfiologie & de la Pathologie qui la fuivra.

L'air infpiré dans les poumons, y porte
avec foi cet efprit univerfel dont il eft comme imbu; cet air eft trop groffier pour paffer dans nos liqueurs, il condenfe fimplement le fang par fa fraîcheur, comme on
l'établit à l'article de la refpiration : mais
cet efprit que l'air porte ave foi, trouve
dans les bronches, lui & fon alliage, des
paffages très-libres vers le fang; introduit
dans cette liqueur, il y rencontre les ma-

Son hif-
toire.

tériaux du fuc nerveux, cette limphe gela-
tineufe, ce gluten auffi univerfel que lui ; il
y rencontre les globules fanguins formés de
cette limphe, ces efpéces de phofphores,
ces éponges toutes propres à s'imbiber de
ce fluide. Cette limphe, ces globules ab-
forbent donc d'abord cet efprit univerfel
& s'en abreuvent, pour ainfi dire, non-feulement à caufe de leur porofité proportionnée à ce fluide, mais encore, parce qu'ils
font pénétrés & entourés d'un atmofphére
particuliére, principe de leur affinité avec
l'efprit univerfel ; de plus, ces matériaux
de nos liqueurs dans les poumons font
d'autant plus propres à s'imbiber de ce fluide fubtil & à le retenir, que leurs principes
réunis, condenfés, par la fraîcheur de l'air
infpiré, en ont plus de liaifon entr'eux &
avec ce fluide, par la médiation de cette
atmofphére que la grande chaleur & la
diffolution du gluten détruifent.

Cette difpofition des globules fanguins
dans les poumons, & ce mariage de l'efprit
univerfel avec eux, donne au fang des veines pulmonaires, & à celui de l'aorte, ce caractére vital, fpiritueux, qui diftingue fi
éminemment le fang artériel du vénal ordinaire ; car le fang contenu dans les veines
caves & leurs branches, eft comme tourné,
diffous, par le broyement de la circulation
dans les capillaires ; ce broyement a dé-

compofé * une partie des globules rouges, il a augmenté l'action du fluide cauftique, ces phofphores fanguins s'en trouvent trop calcinés, trop ouverts ; ces éponges à efprit univerfel trop raréfiées, trop dilatées ; elles ont laiffé échapper leur fluide précieux : en un mot, elles ont perdu la liaifon & l'affinité néceffaires à l'alliage précédent, & par-là le fang vénal fe trouve dépouillé de ce fluide vital. Ainfi le poumon eft un heureux hofpice, où ce fang vient recouvrer tout à la fois & l'union naturelle de fes principes & cette ame, cet efprit que l'Ecriture même reconnoît dans le fang des animaux : *anima eorum in fanguine*. La refpiration fait donc tout enfemble deux fonctions comme oppofées, elle fournit à la machine le fluide moteur, le principe du mouvement, & elle remédie en mêmetemps à la diffolution indifpenfablement attachée au mouvement, méchanifme vraiment digne d'admiration, & que nous rencontrons partout dans ce chef d'œuvre du Tout-Puiffant.

Le fang n'a pas plutôt reçu cette précieufe influence dans les poumons, que le cœur le pouffe par l'aorte à toutes les parties, & principalement droit au cerveau par

Son Hiftoire.

Ufage de la refpiration.

L'efprit univerfel filtré par le cerveau fait le fluide animal,

* *Voyez l'article des puiffances de l'œconomie animale*, page 69 & 70.

les carotides & les vertebrales : c'eft-là que
ce fluide, trouvant un filtre d'une fineffe
proportionnée à fa nature, paffe dans ce
vifcére dépouillé de fon alliage le plus groffier, qu'il laiffe dans le fang, & c'eft l'affemblage pur de cette fubftance fublime,
qui forme le fluide animal, le principal organe de toutes les fonctions de l'ame.

Ce fluide fait donc une efpéce de lac
dans le cerveau ; la moelle épiniere en eft
le principal fleuve, & les nerfs autant de
riviéres ou de ruiffeaux, qui en arrofent &
vivifient continuellement toutes les parties :
là, après un petit féjour dans les organes
du fentiment & du mouvement, il fe diffipe
dans notre atmofphére, & rentre par-là
dans fa premiére origine.

Nul animal ne peut fe paffer de cet efprit ; tous le refpirent, tous le puifent à leur
façon dans le fluide où ils vivent ; ceux-ci
dans l'air, ceux-là dans l'eau, les autres dans
la fange, & ainfi du refte ; & peut-être la
diverfité de fes fources eft-elle une des premiéres caufes de la diverfité des animaux.

Le fœtus enfermé dans le fein de fa mere
ne refpire pas, mais fa mere refpire pour
lui. Les liqueurs de cette mere empreintes
de fluide animal par fa refpiration, paffent
dans fon fœtus ; fi elle ceffe de refpirer, ce
fœtus meurt bientôt : dès qu'il eft né, il fe
donne à lui-même ce fecours, & fi quel-

qu'obſtacle l'en empêche, il faut qu'il périſſe, quoiqu'il ait encore tous les organes avec leſquels il ſe paſſoit de reſpirer, un moment auparavant, dans le ventre de ſa mere.

Les animaux ovipares * reçoivent cet eſprit du fluide ſéminal qui a fécondé l'œuf, & cet eſprit ſuffit à cette eſpéce ſubalterne, tant qu'elle n'eſt pas hors de l'œuf.

Son Hiſtoire.

Des fonctions du Fluide animal en général.

QUOIQUE le fluide animal ſoit le premier principe de la vie & de tous ſes phénoménes, cependant il ne peut produire immédiatement par lui-même, aucune des fonctions matérielles, ſi l'on peut dire ; il ne peut immédiatement ni recevoir les ſenſations, ni mouvoir les organes. Ce premier mobile eſt trop ſubtil, comme on l'a déja dit, & trop diſproportionné avec la matiére ordinaire, pour être ſuſceptible d'un choc, d'une impulſion réciproque avec cette matiére ; il lui faut des ſubſtances médiatrices, des alliages : enſorte qu'il en eſt preſque de cette ſubſtance ſublime, comme de ces

Il a beſoin d'alliages.

Ses fonctions en général.

* *On appelle* Ovipares *les animaux qui demeurent dans l'œuf juſqu'à leur naiſſance ; &* Vivipares *ceux qui naiſſent du corps même de leur mere.*

Ses Fonc-
tions en
général.

grandes maifons à qui il n'eſt reſté pour tout bien, qu'une haute nobleſſe, & qui, pour la foûtenir avec dignité, font obligées de chercher des alliances dans cette claſſe de citoyens, recommandable par ſes grandes richeſſes.

Ces alliances font de deux fortes : avec les *folides* & avec les *fluides*.

Premier
alliage
du fluide
animal
avec les
folides.

Le *folide* général avec lequel le fluide animal s'aſſocie, eſt la *dure-mere*, la *pie-mere*, & leurs productions, c'eſt-à-dire, les enveloppes du cerveau & les nerfs. Nous avons démontré ci-devant, après l'expoſition anatomique du cerveau, que ni ce viſcére, ni la partie moëlleuſe des nerfs n'ont aucun fentiment, parce qu'ils n'ont point de conſiſtance, & qu'il en faut pour recevoir les impreſſions des objets * : la feule choſe qui ait de la conſiſtance dans les nerfs, c'eſt l'enveloppe que lui fourniſſent les membranes précédentes : quand les nerfs quittent le cerveau & la moëlle épiniére, il ne leur reſte encore de folide que cette enveloppe; car il ne faut pas croire que ce nerf ſi mou dans le crâne, prenne une folidité de tendon, à une ligne de-là; cela eſt contraire & aux loix Phyſiques, & à ce que la diſſection même ſemble nous montrer. Ce font

---

* *On peut voir ces preuves développées dans le Traité du fluide des nerfs.*

les enveloppes du cerveau elles-mêmes qui forment le nerf par de-là son origine moël-leuse ; & ainsi ce sont ces membranes qui forment tout le tissu de nos parties, comme le croyoient les anciens, qui pour cette rai-son leur ont donné le nom de *mere* ; par conséquent ces mêmes enveloppes sont l'or-gane général du sentiment & du mouve-ment, ou c'est dans elles que coulent & le fluide sensitif & le fluide moteur.

Les observations faites sur l'organe de la vue, confirment cette opinion. Suivant l'expérience de Monsieur Mariotte déja ci-tée, *pag.* 114, la partie moëlleuse du nerf optique n'est point capable de recevoir l'impression des rayons ; & Monsieur Mery a démontré encore depuis à l'Académie, que l'expansion moëlleuse de ce nerf appel-lée *retine*, & qu'on regarde comme l'or-gane immédiat de la vue, est aussi incapable de cette sensation, & que celle-ci se fait dans la choroïde, première membrane intérieure de l'œil qui ait de la solidité ; or la choroïde est une expansion de la seconde enveloppe du nerf optique, c'est-à-dire, de la pie-mere, suivant presque tous les Anatomistes.

D'où je conclus, par la ressemblance qui doit régner dans tous les organes des sens, qu'il n'y a que les tissus solides de la dure-mere & de la pie-mere qui soient les orga-nes immédiats des sensations, & en général

Tome I.　　　　　　　　　＊

Ses efpé-
ces & fes
fonctions
en géné-
ral.

le fiége de la fubftance fenfitive ; qu'enfin les feules parois des nerfs qu'elles forment, ont cette faculté, à l'exclufion de leur cavité, foit qu'on la regarde pleine de moëlle, comme dans le principe des nerfs, foit qu'on la croie moins garnie de cette moëlle, mais pleine de fluide animal, comme on penfe qu'elle eft dans toute la fuite des nerfs.

Du confentement unanime des Phyficiens, les nerfs font le principe du fentiment & du mouvement. Je viens de prouver que leurs parois feules font l'organe du fentiment ; donc il refte pour la cavité des nerfs d'être feulement l'organe du mouvement, c'eft-à-dire, d'être le canal qui porte le fluide moteur.

Voici, Meffieurs, comme je conçois ce partage de fonctions entre les parois & les cavités des nerfs.

Divifion
du fluide
animal
en fluide
moteur
& en
fluide
fenfitif.

Vaiffeaux
propres à
chacun
de ces
fluides.

Le nerf eft un vaiffeau ; fa ftructure doit donc fuivre les loix communes de la ftructure des vaiffeaux ; c'eft-à dire, que la paroi de ce canal eft faite d'autres vaiffeaux beaucoup plus petits, ou d'un grand nombre de petites filiéres roulées en cilindre ; d'où il fuit que le fluide qui coule dans les filiéres des parois, doit être beaucoup plus fubtil que celui qui coule dans le canal principal. Ce fluide fubtil qui coule dans les filiéres des parois qui compofent le nerf, c'eft ce que j'appelle le *fluide fenfitif*, c'eft-à-dire, fluide organe du fentiment ; ce fluide moins fubtil qui coule dans la cavité du nerf, c'eſt le *fluide moteur* : & n'eſt-il pas naturel qu'un fluide qui a la faculté de ſervir au ſentiment, ſoit ſupérieur à celui qui n'a que celle de ſervir au mouvement ?

L'un & l'autre a pour ſource commune le fluide animal contenu dans le cerveau ; l'un & l'autre eſt filtré dans la ſubſtance cendrée de ce viſcére & chariée par ſes fibres moëlleuſes. Ces fibres le verſent immédiatement dans la cavité du nerf; mais la partie qu'elles dépoſent dans la dure & pie-mere, & dans les parois des nerfs, n'y entre pas ainſi toute entiére; il s'en fait encore une ſecrétion à cette entrée, où il n'y a que la partie la plus ſubtile de ce fluide qui y puiſſe avoir accès. La ſeule petiteſſe du calibre des filiéres qui compoſent la dure-mere, la pie-mere & les parois des nerfs ſuffit pour cette ſeconde ſecrétion.

Ce que les filiéres de la dure-mere & de la pie-mere font pour former le fluide ſenſitif, les Ganglions * répandus par tout le ſiſtême nerveux, l'exécutent auſſi pour ſéparer du fluide nerveux ou du fluide ſenſitif général, les eſpéces de ce fluide néceſſaires aux différentes ſenſations.

Car, indépendamment de la ſtructure des

Ses eſpéces & ſes fonctions en général.

Structure & uſage des ganglions, ſubſtituts du cerveau.

------

* *On appelle* Ganglion , *des nœuds qui ſe rencontrent aux nerfs.*

nerfs, particuliéres à chaque organe des fenfations, je fuis perfuadé que le fluide animal
qui reçoit chaque fenfation, a des caraᶜté-
res différens ; que le fluide nerveux affeᶜté
par la lumiére, eft différent du fluide nerveux affeᶜté par les faveurs ou par l'attou-
chement d'un corps folide ; de même le
fluide qui anime les organes de certaines
paffions, de l'amour, par exemple, eft différent de celui qui anime l'organe du goût
ou de la gourmandife *.

---

* *On dira que la diverfité de la ftruᶜture de l'organe & celle de l'objet, fuffifent pour produire la
différence des fenfations. Je ne le crois pas.*

*J'efpére qu'on m'accordera que les fenfations pro-
pres aux organes de l'amour & à ceux du goût, font
totalement différentes ; cependant, fi l'on examine
ces organes, quoi de plus analogue par leur ftructure! Il ne nous eft pas permis d'entrer ici dans certains détails ; mais tout homme inftruit & refléchif-
fant fera convaincu après un mûr examen, que ces
organes font fi analogues & leurs fenfations fi difpa-
rates, que les petites différences qu'on trouve dans les
houpes nerveufes, font abfolument infuffifantes pour
rendre raifon de celles des fenfations, & qu'il faut
admettre dans les organes, des fluides nerveux totalement différens, lefquels conftituent dans chacun d'eux
une efpéce de puiffance particuliére qui a fait dire à
nos péres, que l'uterus, par exemple, eft un animal
dans un autre animal ; puiffance qu'on pouroit foup-
çonner avec beaucoup de raifon, d'être capable de
former un inftinᶜt particulier à chacun de ces organes.*

La ſtructure du ganglion obſervée par Lanciſi, donne lieu à cette idée : ces orga- nes, ſuivant ce grand homme, ſont com- me autant de petis cerveaux où ſont des ſubſtituts de ce viſcére ; or le cerveau eſt le filtre du fluide animal, les ganglions ſont donc de ſeconds filtres de ce fluide.

Ajoûtez à cela que, pour l'ordinaire, ces organes reçoivent des branches des nerfs voiſins, & qu'ils en envoyent de leur pro- pre fonds à d'autres parties ; ils ſont même le plus ſouvent le centre & la ſource des plexus qui les environnent ; ils ſont comme le petit cerveau de cette région, auquel ſe rapporte la ſenſation, la paſſion, dont le ple- xus eſt l'organe, & qui y envoye les eſprits néceſſaires. Le ganglion eſt alors comme l'araignée, dont nous avons parlé pag. 112, placée au centre de ſa toile.

Ces mêmes ganglions reçoivent auſſi des vaiſſeaux ſanguins pour prendre, ſans doute dans le ſang, l'alliage dont le fluide de cha- cun de ces nerfs a beſoin pour ſes fonctions particuliéres ; enſorte que le ganglion eſt comme le temple où ſe font ces eſpéces de mariages, & en cela il reſſemble à la glande, comme on le verra bientôt.

Les fibres muſculaires découvertes dans cet organe, par le même Lanciſi, ſervent à retenir ou à envoyer & le fluide ſen- ſitif & le fluide moteur, chacun dans leur

Ses eſpé- ces & ſes fonctions en géné- ral.

Opinion de Lanci- ſi ſur les gan- glions.

Ses efpé-
ces & fes
fonctions
en géné-
ral.

Second
alliage
du fluide
animal
avec des
fluides
moins
fubtils ou
des li-
queurs.

organe , fuivant l'ordre de la volonté.

Le fecond alliage dont le fluide animal a befoin pour les fonctions, eft celui *des fluides* moins fubtils ou des liqueurs. J'ai déja dit quelque chofe de cet alliage , mais examinons plus à fond cette matiére.

Il eft de fait que le fluide moteur contenu dans les nerfs , ne fuffit pas pour exécuter le mouvement ; puifque fi on lie l'artére d'un mufcle , il devient paralytique, quoique le nerf foit libre. Le fluide moteur contenu dans le nerf a donc befoin, pour devenir réellement moteur, de prendre dans le fang artériel un affocié; or cet affocié ne peut être que l'alliage même qu'il a apporté dans ce fang par la refpiration , ou quelqu'autre portion fubtile du fang , qui n'ayant pas cependant affez de fubtilité pour paffer dans les filiéres du cerveau, eft demeurée dans la maffe des liqueurs : il l'y reprend donc par l'abouchement des extrêmités artérielles & nerveufes avec la fibre mufculaire , & ces fluides fe réuniffent à ce concours, par la premiére affinité qui les uniffoit avant leur féparation , ou par l'affinité générale qui unit les fubftances de nature à peu-près pareille.

Mais le fluide moteur feroit-il le feul qui auroit befoin de cet alliage ? Si vous liez le tronc de toutes les artéres qui arrofent le bras , cette partie n'eft-elle pas privée fur

le

le champ, non-feulement du mouvement,
mais encore du fentiment & de la vie? De
quel fecours lui font les nerfs & leur fluide
merveilleux? Toute leur puiffance eft alors
éclipfée, & ils laiffent tomber la partie dans
une infenfibilité, une mort, une pourriture
complette; parceque le fang artériel ne leur
fournit plus cet alliage, inftrument néceffaire pour effectuer leur puiffance. Le fluide
fenfitif a donc befoin lui-même d'un alliage
pris dans le fang artériel pour fes fonctions
& pour la diverfité de fes fonctions. Les
glandes que Pacchioni & quelques autres
ont obfervées dans la dure-mere, & le fang
dont cette membrane eft remplie par fes
artéres & fes finus, font autant de machines
préparées pour cet alliage. Il faut regarder
du même œil les glandes de la pie-mere,
du plexus choroïde, la glande pituitaire
enveloppée des finus * circulaires, & du
rets admirable, la glande pinéale environ-
née du plexus choroïde **, les finus caver-

*Ses efpé-
ces & fes
fonctions
en géné-
ral.*

*Ufage
des glan-
des du
cerveau,
de fes
gangli-
ons & de
fes finus.*

---

*On appelle Sinus les confluens du fang vénal du
cerveau & de fes membranes, renfermés dans la dou-
blure de la dure-mere, & reportés par elle jufqu'aux
veines jugulaires & vertébrales, qui rendent ce fang
au cœur par la veine-cave fupérieure.*

** *Le Plexus choroïde eft un lacis d'artériolles &
de vénules, foutenu d'une membrane très-fine, lequel
eft comme flottant dans les ventricules latéraux, qui
font de grandes cavités dans l'intérieur du cerveau.*

Ses efpé-
ces & fes
fonctions
en géné-
ral.

neux dont le tiffu fingulier reffemble à celui de la rate, & dans lefquels fe baignent les nerfs de la troifiéme, de la quatriéme, la branche antérieure de la cinquiéme & la fixiéme paire. *

Toute cette ftructure, Meffieurs, eft trop recherchée, ce mêlange du fang, des nerfs, des ganglions, des glandes & des méninges, trop affecté, pour n'avoir pas des ufages plus particuliers que les ufages généraux qu'on reconnoît dans le cerveau & les nerfs; cet appareil pompeux femble tout fait pour joindre certains extraits du fluide animal avec certains alliages particuliers tirés de la maffe du fang ; & feroit-ce une conjecture trop hazardée, que de penfer que les fluides particuliers qui réfultent de ces mariages, peuvent contribuer à établir les difpofitions de la machine néceffaires aux différentes facultés de l'ame ? Il eft conftant par les obfervations, que ces facultés dépendent de certains organes particuliers : on voit tous les jours des apoplectiques perdre une partie des facultés de leur ame, & conferver l'autre. On trouve dans le Journal des Savans, année 1717, l'hiftoire d'une fille qui perdit

---

* *Il n'y a guéres que cette fixiéme paire, & l'intercoftal, entourant la carotide, qui baignent totalement dans le fang de ce finus ; mais ce détail anatomique fcrupuleux eft inutile ici.*

entiérement la raifon par une fciatique re-
montée ; on la traita avec fuccès de cette
maladie, elle retrouva peu à peu toutes les
idées qu'elle avoit perdues, à l'exception
des idées des phifionomies humaines ; enforte
qu'elle reconnoiffoit, par exemple, les habits de fes fœurs, racontoit tout ce qui s'é-
toit paffé entr'elles, & quand elle venoit au
vifage, elle ne les reconnoiffoit pas ; ces
derniéres idées lui font enfin revenues par
l'ufage des eaux de Balaruc.

Si le fluide animal a quelquefois befoin de
l'affociation des fluides tirés des liqueurs,
nos liqueurs ont toujours befoin de l'influence de ce fluide vital ; elles font incapables
d'aucunes fonctions fans ce fluide actif qui
leur donne la vie ; fans lui la falive ne feroit
qu'une eau infipide & fans action, auffi-bien
que les fucs ftomachique, inteftinal, pan-
créatique, bilieux, chileux, &c *.

---

* La falive, les fucs ftomachique, inteftinal, &c.
convertiffent une partie de la pulpe alimentaire en
chyle. Cette métamorphofe n'arriveroit jamais, s'ils
n'étoient qu'une limphe ou une eau pure : jamais avec
de la viande & de l'eau, le meilleur Cuifinier, le plus
habile Chymifte ne fera du chyle, quelque degré de
chaleur qu'il y employe, quelqu'inftrument qu'il
fubftitue à l'eftomac. Et qu'a-t-il donc cet eftomac
de plus que tous les vafes artificiels, de plus que la
machine à Papin ? Des houpes nerveufes, des efprits

Les organes par lefquels nos liqueurs reçoivent cette précieufe influence , & par
lefquels le fluide animal tire des alliages
des liqueurs , font les *glandes*. On les a crues
jufqu'ici les filtres des liqueurs, mais fans
fondement ; je vais faire voir que fi elles
filtrent quelque chofe , ce font les efprits
mêmes , & que le principal ufage de ces
organes , eft d'introduire dans ces liqueurs
cette précieufe influence , en procurant une
efpéce d'abouchement de ces liqueurs avec
ces efprits. La nature ferrée du tiffu de la
glande , fa reffemblance avec la fubftance
du ganglion , le grand nombre de nerfs qui
l'environnent & qui s'y confondent, auroient
dû faire revenir plutôt de l'erreur où l'on
eft , & reconnoître à tous ces caractéres un
organe prefque tout nerveux.

Si vous fuivez un nerf, qui eft fi folide ,
en remontant à fon principe, vous trouverez que fa folidité s'évanouit ; ce n'eft plus
au-dedans du crâne qu'une fubftance moëlleufe, blanche ou grifâtre ; examinez auffi
les glandes contenues dans la cavité du
crâne, comme la glande pituitaire, la glande pinéale, &c. à peine pourrez-vous diftinguer leur fubftance du refte de la fubftan-

*Ses efpé-
ces & fes
fonctions
en géné-
ral.*

*La glan-
de , fes
ufages.*

*On eft
dans l'er-
reur fur
l'ufage
des glan-
des.*

*Premier
ufage des
glandes.*

---

*particuliers qui s'affociant à fes fucs , en font un dif-
folvant propre à cette fonction.*

ce du cerveau, & vous ferez obligé d'avouer que c'eſt avec grande raiſon que d'illuſtres Anatomiſtes ont appellé tout ce viſcére, une groſſe Glande. Le cerveau eſt vraiment la *mere-glande*, puiſqu'il eſt le filtre général des eſprits : mais par quelle contradiction ces mêmes Phyſiciens, qui reconnoiſſent le filtre général des eſprits, pour une glande, retirent-ils cette fonction de filtrer les eſprits aux autres glandes, pour leur donner le vil emploi de filtrer les liqueurs les plus groſſiéres ? Un organe avoué, reconnu aux yeux mêmes, pour être de la même nature que le cerveau & les nerfs., peut-il ſervir à de ſemblables filtrations ?

Ses eſpéces & ſes fonctions en général.

De porter deſeſprits dans les liqueurs filtrées,& non pas de filtrer ces liqueurs.

Il eſt vrai que les glandes accompagnent preſque tous les organes de la filtration des liqueurs ; mais c'eſt qu'il n'y a aucune des liqueurs filtrées, qui n'ayent beſoin pour leurs fonctions de l'influence du fluide nerveux. Nous avons un exemple & une preuve ſenſible de cet uſage des glandes dans la ſecrétion du chyle ; on ſait que le Méſentere qui ſoutient les vaiſſeaux du chyle eſt tout parſemé de glandes ; ces glandes n'ont viſiblement d'autre uſage dans cette partie, que de porter dans le chyle les eſprits néceſſaires à l'union de ſes principes, à la ſanguification & aux autres fonctions de cette liqueur : car il eſt clair que ce chyle ne ſe filtre point par ces glandes ; il eſt tout

Preuve tirée de la filtration du chyle.

I 3

formé quand il y arrive, & l'on eft affuré
par la vûe même, aidée du microfcope,
que fa filtration s'exécute par les embouchures lactées, qui font flottantes dans les
inteftins *. Envain allégueroit-on que les
glandes perfectionnent le chyle, en le faifant paffer de nouveau par leur filtre plus
fin : l'expérience démontre que le chyle,
loin de fe rafiner dans le méfentere, y devient de plus en plus épais : il n'y a donc pas
d'aparence qu'il y paffe par des filiéres auffi
difproportionnées à fa nature, & à celle
des premiéres embouchures qu'il a enfilées.

Glandes.

Toutes les fecrétions s'exécutent comme
celles du chyle par les différens calibres
des vaiffeaux mêmes qui portent les liqueurs, comme on le verra en fon lieu ;
mais les glandes n'ont rien de commun avec
ces vaiffeaux, que leur voifinage & la communication néceffaire pour s'aboucher avec
les extrêmités de ces vaiffeaux, & verfer
dans leur liqueur le fluide nerveux, ou en
recevoir un alliage.

C'eft pour une femblable néceffité que les
organes falivaires font munis de groffes
glandes, telles que les parotides, & que
celles-ci font fournies d'une fi grande quantité de nerfs ; non-feulement l'influence du

---

* *Voyez Winflow*, p. 511, n° 114, in-4°.

fluide nerveux dans la falive, eft ce qui donne tant d'action à cette liqueur dans un homme fain & plein de fluide nerveux, mais même l'affluence copieufe des efprits dans ces organes, eft ce qui occafionne une abondante fecrétion de falive dans ce même homme vigoureux, & c'eft pourquoi la falive vient à la bouche à l'afpect d'un mets friand.

Cette vivifiante influence que la glande communique aux liqueurs, eft leur premier ufage; en voici un fecond qui n'eft guéres moins important, & qu'elles ont en commun avec le ganglion; c'eft de donner au fluide animal une préparation nouvelle, un alliage néceffaire: par exemple, la furface interne de la peau eft parfemée de glandes, & l'on veut que ces organes filtrent la graiffe ou le fuif qui tranfude de la peau & qui falit le linge: comme fi un corps auffi compacte que la glande, & dans lequel toute l'induftrie de l'Anatomie moderne n'a pu découvrir la moindre trace du peloton des vaiffeaux qu'on s'imagine y être, comme fi, dis-je, une fubftance auffi ferrée, auffi folide, un labirinthe auffi impénétrable pouvoit laiffer paffer une matiére auffi groffiére que ce fuif. Mais fuppofons que cette matiére foit auffi fluide que la graiffe; tous les Anatomiftes conviennent que la graiffe qu'on trouve dans toutes les parties du corps, eft filtrée par les feules extrêmités artérielles.

I 4

D'où vient donc l'huile qui tranfude de la furface du corps ne fortira-t-elle pas auffi de quelques-uns des capillaires de toute efpéce qui s'ouvrent à cette furface ? Je voudrois bien qu'on me donnât une bonne raifon contre cette uniformité des voyes de la nature.

Je penfe donc que les glandes cutanées ne méritent point les noms *de glandes fébacées , cérumineufes* , ou autres qu'on leur a donnés gratuitement ; elles font des organes nerveux où le fluide animal reçoit une préparation & un alliage , qui lui font néceffaires pour être propres à recevoir les fenfations dans les mammelons nerveux de la peau , organes du fentiment.

Ce que je dis des glandes de la peau , eft encore plus clair pour celles de la langue, de l'eftomach , des inteftins , &c. & la double fonction que je donne aux glandes , eft évidente dans ces derniéres ; c'eft-à-dire , que non-feulement elles donnent au fluide animal , la préparation , l'alliage qui lui convient pour fervir aux fenfations particulières à chacun de ces organes, mais encore elles verfent dans les liqueurs falivaires, ftomachiques & inteftinales , les efprits néceffaires à leurs fonctions.

Ce double méchanifme eft fur-tout vifible dans les glandes de la langue. De l'aveu des plus grands Anatomiftes , les mamme-

lons nerveux de la langue font tout à la fois,
& l'organe du goût & l'organe à travers
lequel coule la falive qui arrofe cette partie. Le célébre M. Winflow, *pag.* 713, *n.* 508,
appelle les plus gros de ces mammelons,
mammelons glanduleux, & il dit que ce font
autant de petites glandes falivaires : Voilà
donc que la nature trahit ici fon fecret,
voilà des glandes formées par des mammelons nerveux. Il devient donc maintenant
une chofe de fait, que la glande eft un organe appartenant au genre nerveux, que
c'eft une efpéce de concrétion ou de champignon formé par l'épanoüiffement des houpes nerveufes, & c'eft encore une chofe de
fait, que le nerf s'affocie fort fouvent dans
cette concrétion, les extrêmités capillaires
des artéres qui verfent la falive & les autres
liqueurs féparées du fang.

Cette affociation des extrémités artérielles avec les houpes nerveufes eft aifée à
concevoir, quand on fait que par-tout le
corps humain on voit prefque toujours enfemble ces trois vaiffeaux, artére, veine &
nerf, formant un faifceau commun. Telles
font les ramifications des vaiffeaux fanguins,
telles font auffi les fubdivifions des nerfs;
celles-ci font même beaucoup plus nombreufes : chaque ramification d'artére eft
accompagnée de fon filet de nerf; le filet
nerveux n'a point de veine, ou fi vous vou-

GLAN-
DES.

Ses efpé-
ces & fes
fonctions
en géné-
ral.

Forma-
tion de la
glande &
de fes ef-
péces.

lez, il ne fe replie pas comme l'artére pour retourner fur fes pas, il finit fans retour, ou avec les derniers capillaires ou féparément, en s'épanouiffant fous diverfes formes; ici c'eft un *fimple mammelon*, comme à la peau; là c'eft une *fimple glande*, comme aux parotides, ou un grain pulpeux, comme au foye; ailleurs c'eft tout enfemble un mammelon & une glande ou un *mammelon glanduleux*, comme à la langue, &c.

Quand l'extrêmité nerveufe s'épanouit fans être accompagnée d'aucune extrémité artérielle, ou que cet épanouiffement nerveux ne reçoit que des filets nerveux qui lui aportent un fluide animal préparé, comme dans l'organe général du toucher, ou peutêtre des extrêmités artérielles dont le fluide ne peut tomber fous les fens, alors cet épanouiffement fait le *mammelon fimple*.

Quand l'extrêmité nerveufe épanouie couvre & environne une extrêmité artérielle, foit pour fortifier fimplement fon embouchure, & affurer l'écoulement de fa liqueur, foit pour verfer en même-temps dans cette liqueur les efprits qui lui font néceffaires; alors cet épanouiffement nerveux forme, ou le mammelon glanduleux, ou la glande fimple ou le grain pulpeux. On appelle cet épanouiffement, grain pulpeux, quand il eft mince, très-cave, & rempli d'une liqueur qui y féjourne; on le nomme *mammelon*

glanduleux, lorfqu'ayant la forme de mammemelon folide, qui eft la terminaifon la plus
commune des nerfs , il laiffe fimplement
paffer à travers fa fubftance une liqueur fenfible : on voit ce paffage aux glandes de la
langue & des inteftins , fous la forme d'un
petit creux au milieu de ces boutons nerveux ; enfin , on le nomme *glande* fimplement , quand cet épanouiffement nerveux
s'affocie quantité d'autres vaiffeaux fanguins
& limphatiques , & que l'excroiffance qu'il
forme eft fi confidérable, que fa ftructure
nerveufe y femble déguifée & confondue.

Pourquoi la terminaifon du nerf forme-t-
elle un corps comme le mammelon ou la
glande , tandis que la fin d'une artére ne
fait qu'un orifice affez mince ? Il y a une
raifon bien fimple de cette différence : le
nerf eft beaucoup plus folide , beaucoup
plus fibreux que l'artére. Suivant la découverte de Lewenhoeck, un nerf gros comme
trois poils de barbe , eft compofé pour le
moins de mille tuyaux: ainfi , quand une
extrêmité nerveufe s'épanouit, ce n'eft pas
un orifice qui fe dilate , ç'en font mille ; &
chacun de ces tuyaux eft encore plus folide
que l'artériolle ; ainfi leur fubftance épanouie doit occuper beaucoup plus de place.

Pour concevoir la poffibilité du volume
des glandes derivées d'une racine nerveufe
très-petite , il faut fe rappeller toutes les

duplicatures des méninges du cerveau qui forment les nerfs, & surtout celles de la pie-mere: il faut faire attention aux excroissances monstrueuses, que forment les plus petites glandes ; à celles, par exemple, qu'a formé un seul ovaire, qui a été capable d'emplir toute la capacité du bas ventre, une partie de la poitrine & d'oblitérer en quelque sorte les viscéres de ces cavités. C'est ce dont j'ai des observations.

Il n'y a que les nerfs qui puissent former ces pelotons glanduleux, parce qu'il n'y a qu'eux dans tous les genres de vaisseaux qui se grossissent en s'éloignant de leur tronc ou de leur principe ; il n'y a qu'eux qui finissent par des corps beaucoup plus considérables que les filets qui aboutissent à ces corps ; or ce sont-là des qualités propres à former une glande, qui est ordinairement un corps isolé & attaché à des racines peu considérables ; mais aucune de ces propriétés ne convient ni aux vaisseaux sanguins, ni aux limphatiques, qui sont tous des vaisseaux réguliérement coniques ; aucun d'eux ne peut donc faire la glande, & c'est visiblement l'ouvrage des capillaires nerveux.

Ceux qui pratiquent notre Art en observateurs éclairés, ont dû remarquer encore, que les seules parties nerveuses sont le principe des excroissances. J'ose assurer que l'on n'a point vu une seule loupe, un seul champignon qui n'ait eu pour racine, pour baze, quelque partie nerveufe. Quelle partie dans le corps humain produit plus de champignons que la dure-mere & le cerveau dans les playes de tête qui découvrent ces parties? La concrétion glanduleufe eft une efpéce de fungus, une forte de loupe naturelle; & c'eft une nouvelle raifon d'affurer qu'elle eft une production des nerfs.

De la même façon que l'extrêmité artérielle répand fa liqueur, les extrêmités nerveufes, dont l'épanouiffement fait la glande, doivent auffi verfer leur fluide dans cette expanfion; ainfi la liqueur artérielle, en traverfant le corps de la glande ou du mammelon glanduleux, fe trouve pénétrée & remplie du fluide animal verfé dans cet organe par les orifices épanouis des filiéres nerveufes; & à fon tour le fluide animal prend dans ce même confluent, l'alliage artériel qui lui eft néceffaire pour fervir à la fenfation particuliére à chaque organe.

En fuppofant à préfent que le capillaire artériel traverfât le champignon nerveux & paffât outre, ou bien, ce qui eft plus naturel, en fuppofant que la fubftance du champignon & du capillaire fe prolongeât conjointement, pour former un canal à la liqueur qui en découle, ne voilà-t-il pas un vrai *canal excrétoire* & une vraie fécrétion, fans que la glande s'en foit mêlée, au moins comme organe fecrétoire, & fans tout le tortillement de vaiffeaux qu'on imagine entrer dans la formation d'une glande?

Un troifiéme ufage des glandes, mais qui leur eft en quelque forte accidentel, eft, en répandant des efprits à la ronde, de donner, par ce fluide confervateur, de la fermeté aux graiffes, & de la confiftance aux liqueurs; par exemple, les glandes fe trouvent fouvent dans les organes deftinés aux grands mouvemens, comme les articulations, non pas pour filtrer, comme on le croit, un fuc auffi groffier que la fynovie, mais pour mettre dans ce fuc le fluide vital & confervateur, fans lequel ce fuc ne conferveroit jamais la liaifon de fes parties, néceffaire pour lubrifier les articulations; il feroit diffous, exalté, par le mouvement général des liqueurs, & par les frottemens continuels des organes aufquels il eft deftiné : cette diffolution de la fynovie, par l'abfence du fluide vital, eft une des caufes de cette maladie des jointures, qu'on appelle le *cliquetis.*

On remarque encore que les glandes font ordinairement entourées de graiffes, non pas qu'elles filtrent ces graiffes, mais parce que ce même fluide animal qu'elles répandent à la circonférence, & qui entretient l'union entre les principes des liqueurs, comme on a vû, pag. 91, donne à ces prin-

cipes huileux la liaifon & la confiftance
qu'on leur remarque en ces endroits, tandis que dans plufieurs autres parties du
corps, ils circulent fondus en liqueurs par
cette chaleur, par ce feu du petit monde,
ou ce fluide cauftique dont nous avons parlé
pag. 74, 81 ; c'eft ainfi que le corps graif-
feux qui eft fous la peau doit fon exiftence
au tiffu des glandes cutanées qui eft deffus :
de-là vient qu'on voit tant d'embonpoint
dans ceux en qui le fluide vital ou confervateur abonde dans ces glandes, & ceux au
contraire en qui le fluide cauftique domine,
font très-maigres.

La femence des animaux nous fournit une
preuve de l'ufage que nous donnons au
fluide animal, de tenir les principes des
liqueurs réunis, & de donner par-là de la
confiftance à ces liqueurs. Tant que la femence eft dans l'animal, elle a beaucoup
de confiftance ; dès qu'elle eft expofée à
l'air, elle fe liquefie ; où trouverez-vous
encore une liqueur comme celle-ci, qui fe
condenfe par la douce chaleur naturelle, &
qui fe liquefie par le froid de l'air? D'où vient
donc cette fingularité de la femence d'être
condenfée par la chaleur qui liquefie toutes les autres liqueurs , & d'être liquefiée
par l'air qui condenfe toutes les autres?
C'eft que la femence dans l'animal eft prefque toute compofée de ce fluide vital, de

ce fluide confervateur qni fait fa fécondité
& qui lui donne de la confiftance, en liant
fes autres parties volatiles ; mais dès que
cette liqueur eft expofée à l'air, le fluide
vital s'évapore & abandonne les autres
principes de la femence au mouvement & à
la diffolution naturelle à des parties volatiles.

De toutes ces obfervations il réfulte, que
comme les ganglions font des fubftituts du
cerveau, de même les glandes font des fubftituts des ganglions. Le fluide animal que
verfe le cerveau, eft trop uniforme pour
être propre à des fonctions auffi différentes
que celles qu'il doit exécuter dans les divers
organes; le cerveau a donc befoin de fubftituts comme les ganglions, pour féparer
encore ce premier fluide en diverfes efpéces, & lui donner divers alliages proportionnés aux fonctions générales des principales régions du corps: par la même raifon
il étoit néceffaire que les ganglions, ces
efpéces de vicaires généraux du cerveau,
euffent à leur tour des fubftituts fubalternes,
pour donner au fluide animal une troifiéme
préparation proportionnée à chaque fenfation, à chaque fonction particuliére, & ces
fubftituts fubalternes font les *glandes* ; enforte que le cerveau eft comme un contrô-
leur général auquel eft confié le grand tré-
for de l'œconomie animale; les ganglions
font comme les intendans prépofés à chaque

que province de cet état, & les glandes
font comme les subdélégués distribués dans
chaque élection. Le ganglion, comme le
cerveau, filtre le fluide animal, & il fait de
plus la fonction subalterne de lui associer
un alliage moins sublime ; la glande a pour
fonction subalterne de répandre ces graces
& dans les liqueurs & dans les organes des
sensations, de les faire valoir, & d'y joindre
encore les alliages nécessaires à cette valeur;
mais ces alliages font bien inférieurs à ceux
des ganglions, puisqu'ils font, pour l'ordinaire, des liqueurs telles que la salive dans
les glandes de la langue, ou quelqu'autre
alliage palpable.

Rien n'est si fécond que les principes que
je viens de développer sur l'usage des glandes, pour l'explication des fonctions de
nos organes, de nos liqueurs secrétoires,
& de leurs maladies.

Le fluide animal seul dans le cerveau,
puis mésallié, pour ainsi dire, avec toutes
ces substances roturiéres, dans les différens
organes des sens & du mouvement, fait
donc comme autant de puissances différentes. Lié avec les liqueurs qui circulent dans
les viscéres, dans le tissu des parties, il les
rend propres aux fonctions, & à donner
aux parties, la vie, la nourriture, l'accroif-
sement ; je l'appelle là, *fluide animo-végétal.*
Rallié dans un muscle avec l'agent qu'il a

GLAN-
DES.

Ses espé-
ces & ses
fonctions
en géné-
ral.

Récapi-
tulation
des espé-
ces du
fluide
animal.

laiffé dans les liqueurs artérielles, il devient le *fluide moteur*. Dans les organes du fenti-ment tant extérieur, qu'intérieur, uni, comme on l'a déja dit, à notre fubftance immatérielle vraiment fenfitive & penfante, il fait ce que les anciens appelloient l'*ame fenfitive*. Enfin dans les différens organes du cerveau, il fera la partie organique, phyfique de l'*ame penfante* ; peut-être même eût il fuffi feul à nos peres, pour conftituer cette ame des brutes qu'ils mettoient dans leur fang, & à laquelle ils attribuoient les fenfations & une forte de penfée imparfaite ; mais les lumiéres de la nouvelle Métaphyfi-que & celles de la religion ne nous permet-tent pas de nous livrer à cette opinion, en ne la confidérant même que par rapport aux

animaux. Il répugne à la raifon & à la bonté de Dieu qui ne peut nous tromper, de foutenir férieufement qu'un chien n'eft qu'une fimple machine, qu'il ne fent ni ne penfe non plus que le tourne-broche qu'il fait aller, que toutes ces marques de joie, de trifteffe, d'amitié, de haine, d'amour, de colére, &c. qu'il donne, font des fignes trompeurs, des impoftures ; le bon fens ne fe prête point à de tels paradoxes, & l'étude profonde de la nature en démontre évidem-ment le ridicule. On a déja vu dans cet ouvrage, & on le verra encore, que le fentiment eft le principe de toutes les fonctions animales, même les plus grossiéres, comme la digestion, &c. & il est métaphysiquement démontré que le sentiment est une pensée : c'est tout ce que nous en dirons ici, quoique notre art nous fournisse beaucoup d'autres preuves sur cette matiére.

On ne sauroit disconvenir, sans se refuser à la plus grande évidence, qu'un chien a de la mémoire, une sorte de conception, de la docilité, une imagination qui le fait rêver en dormant, à la chasse & à toutes les actions qu'il a faites dans la veille : enfin, les sensations & les passions sont des choses si unanimement reconnues dans les animaux, qu'on appelle ces sensations & ces passions dans l'homme même, sa *partie animale.*

En effet, l'homme est, si l'on peut dire, animal avant d'être homme ; il posséde éminemment, tous les attributs de l'animal, & son Auteur, par surcroît de bonté, l'a enrichi d'une substance divine, supérieure à celle de tous les animaux, & dont lui seul connoît la nature ; il l'a unie par des liens également mystérieux, à tout l'animal qui fait comme la base de l'homme, & particuliérement à son fluide animal ; & elle est tellement esclave de ces liens, de cette loi du Créateur, qu'elle est entraînée pour l'ordinaire par les sensations, par les passions & par les dépravations quelconques de ce fluide, de façon que toutes les perfections où

K 4

imperfections de ce sujet rejailliffent sur elle.

Cependant cette subftance par elle-même doit être fimple, uniforme, inaltérable, & la même dans tous les hommes. Ce n'eft donc pas elle qui rend un homme plus ou moins fpirituel, plus ou moins fenfible, ou paffionné, plus ou moins fage, ou infenfé; elle n'eft pas fufceptible de ces plus ou moins, de ces degrés différens de perfection ou d'imperfection; c'eft donc à la partie animale à laquelle il faut attribuer. toutes ces variétés; c'eft dans cette partie animale que réfide le méchanifme des fenfations & des paffions auquel toutes ces variétés conviennent; c'eft elle qui eft encore le principe du méchanifme de la mémoire, de l'imagination & de leurs dépravations qui font toutes les efpéces de folie, auffi-bien que de leur état harmonieux qui fait la raifon. La partie métaphyfique de l'homme ne fait que fe prêter à ces états de la partie animale, les animer dans le befoin ou s'y oppofer autant qu'il lui eft poffible : ce font-là ces deux puiffances contradictoires que faint Paul a fi bien caractérifées.

Il eft mille circonftances où la partie animale fait toutes fes fonctions de fon côté, & la partie métaphyfique de l'autre. Un Savant fe proméne dans une campagne, il eft entiérement occupé de penfées fublimes; cependant il marche, il choifit fon vrai che-

min ; il fent & il évite les ronces qui le pi-
quent , & il fait tout cela *machinalement* ,
comme dit le vulgaire , *fon efprit eft ailleurs*;
on en dit autant & avec le même fondement
de toutes les diftractions , qui prouvent de
même que ces deux puiffances font diftinctes
dans l'homme.

L'homme a donc , par fa feule qualité
d'animal , les fenfations , les paffions , la
mémoire, l'imagination , &c. au même degré que les animaux ont toutes ces facultés ;
ainfi on peut les comparer enfemble jufques-
là, & expliquer leurs fonctions en commun.
Cette fublimité de penfées & de réfléxions
qui diftingue l'homme , ne nous regarde
point, nous la laiffons aux Métaphyficiens :
le genre animal eft notre feul partage, &
nous ne voulons pas compromettre dans
des difcuffions phyfiques une fubftance fur
laquelle la Phyfique doit garder un refpec-
tueux filence.

DES SENSATIONS
& des Paſſions.

TOUTES les puiſſances de l'ame ani‑
male entendue comme je viens de l'ex‑
pliquer, n'étant que les différentes portions
d'un même fluide continu, il en réſulte en‑
tr'elles une liaiſon qui fait un des premiers
principes de toutes leurs fonctions.

Quelles que ſoient les impreſſions que le
fluide animal reçoit des organes & des flui‑
des alliés, ce ne peut être que des modifi‑
cations quelconques de ſa ſubſtance ; or
cette ſubſtance étant continue dans toute
l'étendue de l'animal, la modification exci‑
tée dans un coin de la machine, ſera dans
l'inſtant univerſelle parce que ce fluide eſt,
en fait de matiére, tout ce qu'il y a de plus
ſubtil *.

___

* *Les vibrations ou ondulations de l'eau ſont plus*
promptes que celles d'un marais tremblant ; celles de
l'air plus promptes que celles de l'eau ; celles de la
lumiére un million de million de fois plus promptes
que celles de l'air ; que ſera ce de la propagation des

Comme l'efprit humain n'eft pas fait pour les idées abftraites , & que notre imagination veut être fixée par les fens , comparons tout le fluide animal à un lac de lumiére , & les modifications excitées dans ce fluide , comparons-les aux différentes couleurs de blanc, de rouge, de bleu, &c. ou , fi vous voulez, regardons ce fluide comme un caméléon qui , fuivant les impreffions des objets , prend ces différentes couleurs. Comme on conçoit que toute la furface du caméléon peut donner la même couleur ; que tout un ciel peut être bleu , comme dans une belle nuit, puis d'un blanc étincelant, comme dans un beau jour ; de même on concevra que tout le fluide animal n'a qu'une même modification dans toute fon étendue : comme on conçoit encore que le caméléon *

Sensat. & Passions.

Méchanifme des fenfations & des paffions.

Le fluide animal fe revêt de différens caractéres à chaque fenfation , comme

modifications du fluide animal , qui eft d'une fineffe beaucoup au-deffus de celle des globules lumineux.

* Il n'eft pas ici queftion de la vérité de ces faits , car on prétend que le Caméleon ne change pas de couleur par lui-méme , & que fa peau luifante réfléchit feulement comme le miroir, les couleurs qu'on lui préfente , mais il me fuffit qu'on conçoive que cet animal change de couleur à chaque inftant , comme on le croyoit jadis.

D'ailleurs depuis la premiére édition de cet ouvrage, j'ai découvert que la Seche a réellement cette vertu de faire prendre à fa peau diverfes couleurs , & même felon les diverfes paffions qui l'affectent , ce qui rend notre comparaifon plus frappante.

K 4

peut prendre d'un inſtant à l'autre différentes couleurs ; que ces météores qu'on appelle lumiéres ſeptentrionales, donnent d'un
inſtant à l'autre à tout le ciel qu'ils occupent , les couleurs blanche , rouge-clair,
rouge-obſcur , &c. on peut de même imaginer que tout le fluide ſenſitif change d'un
moment à l'autre de modifications , de ſenſations, de paſſions *.

Je ne dis pas que ces modifications ſoient
pareilles à celles que je viens de citer, ni à
aucune de celles que nous connoiſſons dans

---

* *Cette partie de ma Phyſiologie imprimée en*
1739, avoit obtenu quelque temps après, l'approbation
de l'Académie de Chirurgie ; l'ayant retirée des mains
du Secrétaire de cette Compagnie, je trouvai ces deux
pages 128 , 129 de l'ancienne édition, qui ſont ici,
les pag. 150, 151, cottées d'une ligne de crayon:
Je ſoupçonnai que ce Scavant avoit déſapprouvé cet
endroit comme trop ſyſtématique ; mais ma crainte
ſe changea en joie, lorſqu'en 1747 , je vis que dans
la nouvelle édition de ſon Œconomie Animale , il
avoit adopté , & par conſéquent approuvé ce nou-
veau ſyſtême du méchaniſme des Senſations qu'il ſubſ-
titua à celui des traces imprimées dans le cerveau
qu'il avoit donné pour ce méchaniſme dans ſa premiére
édition.

Le Journal de Trévoux, deuxiéme vol. de Mai 1748,
qui rendit compte de cette ſeconde édition de l'Œco-
nomie Animale , augmenta ma ſatisfaction , en fai-
ſant l'éloge de ce nouveau ſyſtême qu'il attribua à cet
Auteur, parceque ce Journaliſte n'avoit point lu mon
ouvrage.

la matiére ordinaire : ce ne font ici que des
comparaifons. Peut-être ce fluide a-t-il des
modifications qui ne font propres qu'à lui,
& qui ne reffemblent en rien aux modifications vulgaires ; il y a même tout lieu de le
croire : ainfi le terme de modification eft
ici très-général.

Par ce changement fubit & univerfel de
la modification du fluide animal, on concevra comment une piqûure d'épingle au doigt
porte d'abord l'impreffion de douleur au
cerveau & dans toute la machine. Chaque
organe des fenfations eft animé d'un fluide
fenfitif proportionné, comme on a vu, à
cet organe & à fes fonctions. Ce fluide
ainfi proportionné à l'organe, en reçoit
l'impreffion que lui a faite l'objet de la fenfation ; moyennant l'énergie qu'il tient de
l'ame, il fe revêt de la modification qui
conftitue la fenfation correfpondante à cette
impreffion. Tout le fluide fenfitif, jufqu'à
celui du cerveau continu à la portion qui
réfide dans cet organe, eft revêtu dans l'inftant de la même modification, mais moins
vivement cependant que la portion affectée
immédiatement, & c'eft par-là qu'on diftingue aifément cette partie affectée.

Il eft des cas cependant où l'ame paroît
fe méprendre : par exemple, quelqu'un à
qui l'on a coupé une jambe reffent encore
des douleurs au talon qu'il n'a plus : mais

D'où vient qu'on sent de la douleur à un talon que l'on n'a plus.

c'est qu'alors la portion du fluide animal dévolue & destinée au talon, est arrêtée à l'endroit où la jambe a été coupée, & là, elle est affectée de la modification qui constitue le méchanisme de la douleur. Ainsi l'ame qui lui est unie , ressent de la douleur au talon, quoiqu'on ne l'ait plus.

On conçoit aisément qu'un fluide aussi subtil que le fluide animal , doit avoir dans toute son étendue une correspondance bien exacte entre toutes ses portions continues , & que ces parties doivent communiquer au total leurs impressions diverses avec beaucoup de promptitude & de précision ; mais concevra-t-on de même que ce fluide affecté du caractère particulier d'une passion , en porte l'impression jusques dans le fluide animal des autres individus ? C'est cependant ce que toutes les observations confirment.

Le fluide animal change de caractére à chaque passion , & en porte l'impression dans les autres fluides.

Preuves.

Les expériences les plus exactes de M. Rédi, prouvent que le venin de la vipére, n'est rien moins que la liqueur à laquelle on donne vulgairement cette qualité ; il s'est assuré qu'elle n'est que le véhicule de l'esprit venimeux , & que celui-ci n'est réellement tel , que quand on le revêt de ce caractére, *en mettant l'animal en colére.*

Nature de la qualité venimeuse, & de la rage.

Il en est du venin des autres animaux comme de celui de la vipére ; on sait même que les morsures de l'animal le moins venimeux, comme de l'homme, du cheval , &c.

le deviendront prefqu'autant que celles de
la vipére , fi on les met dans le même degré
de paffion. On a vû un coq en colére donner la rage par un feul coup de bec. Un
homme de vingt-fept ans , emporté de colére, fe mord lui-même de défefpoir de ne
pouvoir fe venger , & il fe donne la rage
par cette morfure *.

J'ai vû moi-même la morfure d'un homme dans cet état de colére , ayant tous les
caractéres de malignité des morfures venimeufes , & je fuis témoin qu'un autre homme mordu d'un cheval irrité, mourut en
fept jours, avec tous les fymptômes de l'em-
poifonnement le plus violent.

On fait que l'animal qui donne la rage ,
communique fes inclinations **, & l'on a
fouvent vû des enragés aboyer comme les
chiens , dont ils avoient reçu cette maladie.

La colére, la rage, & en général les paffions & les inclinations des animaux , font
donc des caractéres imprimés dans leur fluide
animal , & cet efprit porté dans les fluides
des autres animaux , leur communique ces
mêmes caractéres , ou des effets dépendans
de leur impreffion ; à plus forte raifon cette
communication fera-t-elle poffible entre le

---

* *Mifcell. curiof. Acad. natur. cur.* 1706.

** *Hunqut fur la rage, Journal des Scavans,* 1715.

fluide d'un organe & le fluide général du même animal.

La cure de la rage confirme encore cette vérité ; on guérit cette maladie en plongeant ſubitement dans la mer, en appliquant un fer rouge, parce que la grande terreur que ces opérations impriment, dépouille le fluide animal du caractére de la rage, pour le revêtir du ſien.

L'eſprit vénimeux qui fait la rage, a cela de particulier, qu'il tue l'animal même qui le poſſéde, parceque ce caractére eſt une dépravation du fluide, principe de la vie, qui produit ſon extinction, rompt l'équilibre, détruit l'harmonie du reſte de la machine ; au lieu que dans les animaux naturellement venimeux, ce degré, cette diſpoſition eſt à l'*uniſſon* avec tout le reſte de la machine, & devient une dépendance de ſon harmonie. Mais cet uniſſon dans un reptile, tel que la vipére, devient une très-grande diſſonnance dans un homme, & c'eſt-là peut-être le principe de la qualité venimeuſe.

Cette qualité a encore cette ſingularité, qu'un animal venimeux le devient, & ceſſe de l'être d'un inſtant à l'autre, ſuivant qu'il eſt en colére ou qu'il n'y eſt plus ; ainſi ſon caractére venimeux change en lui auſſi facilement que toutes les paſſions dans les autres animaux : cependant l'effet de ce caractére imprimé au fluide d'un autre animal, ne

s'efface que par les remédes les plus puiſſans.
D'où vient cette ténacité, & cette conſtance
de caractére ſi peu ordinaires aux modifications du fluide animal?

Pour l'expliquer, il faut obſerver, 1.º que
les impreſſions violentes ſont plus difficiles
à effacer, & que les caractéres qui portent
le venin & la rage dans nos fluides, ſont de
cette eſpéce. 2.º Que le fluide animal qui
nous imprime ce caractére eſt étranger chez
nous ; qu'ainſi il n'a pas avec notre fluide
animal cette liaiſon, cette uniformité, ces
accords que nous avons obſervés dans toutes les portions du nôtre : cet étranger ne
reconnoît pas l'empire de notre fluide, au
moins bien peu ; ainſi ce ne peut être que
par l'évacuation de cet ennemi *, ou par de
violentes impreſſions de nos fluides ſur lui,
que le caractére pernicieux peut en être
changé.

Que la ſimple différence du fluide animal,
priſe de ſa nature différente dans des eſpéces d'animaux très-éloignées, puiſſe troubler
toute l'harmonie de celui avec lequel il eſt
mêlé, & procurer même la mort, c'eſt ce
qui eſt, ce me ſemble, très-bien prouvé par
cette fameuſe transfuſion du ſang d'un veau,

---

* *Ceſt pour cette raiſon que les remédes abſorbants,
toniques, diaphorétiques, évacuants, &c. ont ſouvent
opéré la guériſon de la rage.*

dans les veines d'un homme, lequel périt bien-tôt après, par un transport au cerveau, ainsi que le rapporte Dionis.

Quoiqu'il en soit, une observation beaucoup plus commune, & qui ne me paroît pas équivoque, prouve encore que le fluide animal prend différens caractéres dans chaque passion, & que ces caractéres font impression fur le fluide animal des autres individus.

Toutes les fois que les Physiciens facrifient des chiens vivans à leur curiosité anatomique, pendant plusieurs jours après cette expédition, presque tous les chiens les fuient, se sauvent effrayés dès qu'ils les aprochent, & ne cessent d'aboyer après eux. D'où vient, je vous prie, cette frayeur que leur présence excite en eux? Qu'ont-ils autour d'eux, dans leur atmosphére, qui avertisse ces animaux du meurtre de leurs semblables? Ce ne peut être qu'un fluide émané du chien disséqué; ce fluide ne peut pas être non plus la transpiration ordinaire des humeurs; ces humeurs font incapables d'inspirer la terreur; ce n'est pas même un fluide spiritueux du même caractére que celui qui transpire ordinairement de l'animal, car il ne feroit pas plus d'impression fur ceux de fon espéce, que n'en fait fur eux la transpiration que l'on prend d'un chien que l'on caresse; or celle-ci, loin de les faire fuir, les attireroit, comme l'éprouvent ceux qui aiment les chiens, & qui font accoutumés à leur faire fête ; il eſt donc hors de doute que le chien que l'on diſſéque vivant, communique un fluide différent de celui qui émane du chien que l'on careſſe, un fluide enfin qui porte l'effroi dans ceux de ſon eſpéce : d'où l'on ne ſauroit s'empêcher de conclure que ce fluide du chien mourant, dont le Phyſicien & ſon atmoſphére ſont imbus , porte le caractére des frayeurs de la mort, dont cet animal étoit ſaiſi entre ſes mains, & qu'il affecte dans les autres chiens une ſubſtance ſuſceptible de la même impreſſion de terreur, & qui par conſéquent ne peut être que le même fluide animal, l'ame ſenſitive de ces animaux.

Les ſenſations & les paſſions conſiſtent donc dans des modifications particuliéres du fluide animal, & ces caractéres ſe communiquent aux fluides de la même eſpéce, & ſont ſuſceptibles de changement à tous les inſtans.

Que les imaginations fécondes s'égaient à préſent, à forger des modifications qui faſſent dans ce fluide le caractére d'effroi & ſes autres diverſités pour chaque paſſion ; qu'elles déterminent l'eſpéce de choc requis entre ces ſubſtances pour la communication de cette paſſion & de toutes les autres ; je ne penſe pas qu'elles parviennent jamais à deviner juſte ſur tous ces myſtéres : auſſi n'attendez pas de moi, Meſſieurs, que je

SENSAT.
&
Paffions.

vous dénoue exactement ce nœud *plus que gordien*, je le trancherai en partie, & me croirai trop heureux, si je puis au moins imaginer ces modifications d'une façon à donner des raisons plausibles des principaux phénoménes de ce fluide admirable. Je vais essayer de le faire sur les passions & sur les sensations primordiales, comme la douleur & le plaisir, &c. Le méchanisme des passions est une connoissance des plus essentielles au Médecin & au Chirurgien, parce que rien n'influe tant sur les maladies, leurs causes, leurs simptômes & leur cure, que les différens états où elles mettent la machine.

Mécha-nisme de la dou-leur & de la joie.

Nous sommes presque toujours réduits à remonter aux causes par les effets. Quels simptômes la joie & la douleur produisent-elles chez nous ? Tout le monde sent que l'état de la machine dans la joie est un certain épanouissement de la cavité des solides, un cours libre & abondant du fluide nerveux, un mouvement ample & aisé des uns & des autres. La circulation se fait avec vigueur, les parties rougissent, se gonflent de liqueurs, d'esprits ; le visage est serein, enluminé, les yeux sont brillans, &c.

Dans la douleur ou la tristesse, on s'aperçoit, au contraire, que les solides sont comme retirés, les esprits sont comme condensés, la circulation est concentrée, lan-
guissante

guiſſante ; le ſang n'eſt plus pouſſé juſqu'aux capillaires ; ainſi les parties ſont pâles, affaiſſées ; la reſpiration eſt génée ; on ſent une tenſion, une peſanteur au diaphragme ; enfin toute la machine eſt abattue.

Cette langueur des mouvemens, des fonctions, ces parties pâles, retirées, nous annoncent évidemment deux principes. 1.° Le défaut du fluide moteur. 2.° Un état du fluide ſenſitif qui met les parois nerveuſes dans un érétiſme permanent.

Nous aurions le méchaniſme de cet état des parois nerveuſes, de ce défaut du fluide moteur & par conſéquent de tous les phénoménes de la triſteſſe & de la douleur, ſi l'on pouvoit ſe réſoudre à ſupoſer que le caractére de cette ſenſation conſiſte dans une ſorte de gonflement du fluide ſenſitif, qui rend la liaiſon de ſes parties plus tenace, & leur mouvement plus embarraſſé, ſemblable au gonflement écumeux du chocolat ou de l'eau de ſavon battue, léquel fixe en quelque ſorte ces liqueurs ; mais le moyen de ſupporter un parallèle entre des ſubſtances auſſi diſſemblables ; la lumiére ſi propre aux comparaiſons nobles, nous manque en ce beſoin ; cependant qu'importe à la juſteſſe du parallèle des modifications, la diſparité des ſubſtances ? D'ailleurs, nous n'avons promis en ce genre que des comparaiſons & non des reſſemblances parfaites ; il doit

Tome I.   L

nous ſuffire qu'en ſuppoſant dans le fluide ſenſitif, cette ſorte de bouffiſſure tenace & permanente, ou plus généralement, en ſuppoſant ſon volume augmenté, & ſa fluidité fixée en quelque ſorte, nos phénoménes s'expliquent; car de cet état du fluide ſenſitif qui remplit les filiéres des parois nerveuſes, il réſulte : 1.º Un défaut de mouvement dans tout le fluide animal. 2.º Un gonflement dans les parois des nerfs, par l'augmentation du volume de ſon fluide, gonflement qui rapetiſſe ces canaux en tous ſens, qui retire vers le centre les ſolides qu'ils forment, étrecit leurs cavités, & retranche d'autant le cours du fluide moteur dans les parties. Ce reſſerrement des ſolides produit évidemment la pâleur, les larmes, les vapeurs, les ſincopes, les convulſions & les autres ſymptômes de la douleur & de la grande triſteſſe.

Le fluide moteur participe à la ſtupeur générale, il a peu de mouvement, ſeconde cauſe qui fait qu'il coule en petite quantité dans les organes du mouvement & qu'il les laiſſe dans l'abattement. On dira que ſi la douleur gonfle le fluide ſenſitif & les parois des nerfs, elle doit auſſi gonfler le fluide moteur, & contracter les muſcles. Je réponds que le fluide moteur ne participe pas au gonflement, qu'on vient d'obſerver dans le fluide ſenſitif, comme il participe

à la lenteur, parce que le fluide moteur.n'eſt
pas l'organe du ſentiment, ni le ſiége des
paſſions. Il ne participe en rien au caractére
de la triſteſſe ou de la douleur dont il s'agit ;
toute la part qu'il y prend , ſe réduit à la
dégradation de ſon mouvement, parce qu'il
reçoit ſon activité du fluide ſenſitif & des
organes que ce dernier anime.

Tout nous perſuade donc que la douleur
eſt une ſenſation, dans laquelle le fluide ſenſitif, organe immédiat de l'ame , frappé par
l'ébranlement violent d'un ſens quelconque,
ſe bouffit en s'épaiſſiſſant, & retient par-là
le fluide moteur , & toutes les eſpéces du
fluide animal dans l'inaction , tandis que d'un
autre côté , ce même aſſocié de notre ſubſtance vraiment ſenſitive met tous les ſolides
dans un reſſerrement permanent : or le mouvement libre & aiſé étant naturel à ce fluide,
cette eſpéce de fixation, cet érétiſme, cette
contrainte de tout le ſiſtême des ſolides,
font un état violent & douloureux : c'eſt le
ſentiment intérieur de cet état du fluide animal dans la douleur qui l'a fait appeller par
les latins, *animi anguſtia*, & par nos peres ,
angoiſſes ; détreſſes.

Il faut cependant mettre quelque différence entre la ſimple triſteſſe & la douleur ;
non-ſeulement cette triſteſſe n'eſt qu'une
gradation à la douleur , mais encore elle
peut être produite ſans ce reſſerrement éf

ſentiel à la douleur. Il ſuffit pour faire la ſimple triſteſſe, d'un manque des eſprits, de leur lenteur, de leur ſtupeur ; or ces défauts peuvent venir de l'affaiſſement des nerfs, comme de leur érétiſme : par exemple, un temps humide, orageux, rend triſte, mélancolique, parce que l'air eſt devenu mou, qu'il perd beaucoup de ſon reſſort, comme le prouve le mercure baiſſé dans les baromètres ; nos ſolides alors ſe relâchent, nos nerfs, nos pléxus ſont preſque affaiſſés ; par conſéquent nos eſprits y coulent en petite quantité & avec lenteur ; ce qui établit le caractére de la mélancolie legére, ou de la triſteſſe du premier degré.

S'il eſt des tempéramens qui ne ſentent point ces variations de l'air, c'eſt que le reſſort vigoureux de leurs ſolides eſt au-deſſus de ces petites diminutions ; elles n'y ſont pas ſenſibles, parce qu'il y a de la force de reſte.

Si nos ſolides, nos pléxus relâchés par la conſtitution de l'air, donnent la triſteſſe, mille petites indiſpoſitions journaliéres feront, à plus forte raiſon, le même effet ; chacun en a l'expérience ; mais voici ce que j'ai obſervé dans des cas plus graves & plus rares. Ceux qui ont des diſpoſitions à l'apopléxie, à la paralyſie, aux gouttes internes, enfin à toutes les maladies qui éteignent la force, la vigueur dans les organes intérieurs,

toutes ces perſonnes, dis-je, ont pour pré-
lude de leurs attaques, une mélancolie intérieure, ſans aucune cauſe ſenſible, c'eſt-
à-dire, qu'avant d'arriver à l'extinction totale ou preſque totale qui fait ces maladies
graves, les eſprits paſſent par cette diminution & cette ſtupeur qui fait la triſteſſe ſimple.

Le *plaiſir*, par la raiſon contraire, doit
être une ſenſation dans laquelle le fluide
animal étant legérement ébranlé par un organe, ſes parties acquiérent un degré de
mouvement, un degré de ſubtilité, de raréfaction, qui rendent ſa nature comme
plus parfaite, ſes liens comme plus libres &
cet état parfait conſtitue le plaiſir, la joie.

Dans cet état, le fluide ſenſitif ne donne
aux parois nerveuſes que leur ton naturel;
il laiſſe à la cavité de ce canal tout ſon calibre; le fluide moteur coule librement &
abondamment dans toutes les parties, il
épanouit les ſolides, les organes, il raréfie
les liqueurs; tous les mouvemens ſont amples & vigoureux, le cœur pouſſe le ſang
& toutes les liqueurs dans leurs derniers capillaires, & il donne par-là à la peau, ce
leger gonflement qui la déride, la rend fraî-
che, & ce coloris brillant qui en releve
l'éclat : les parties nerveuſes détendues contribuent encore à effacer ces rides, & ce
froncement de la peau, que produit le cha-

grin ; les yeux tendus de liqueurs & d'efprits, réfléchissant plus de lumiére, font plus
brillans ; les muscles de toutes les parties de
la face, ranimés par leur fluide, donnent
aux yeux ce degré d'ouverture, à toute la
peau du visage, ce soutien, cette disposi-
tion de ses traits qui fait la physionomie
gaie ; les muscles des lévres ne font pas de
ceux qui y contribuent le moins ; ils les fou-
tiennent, les raffermissent, les retirent un
peu en arriére, & donnent par-là un air
riant à ces parties, que le défaut de fluide
moteur, produit par la tristesse, rendoit
pendantes & boudeuses : enfin, dans l'état
du fluide sensitif qui fait la joie, toutes les
fonctions se font au mieux, la vie brille
dans toute la machine, elle est, pour ainsi-
dire, plus vivante.

Caracté-
res des
passions.

La joie est accompagnée d'une forte d'é-
motion voluptueuse vers la région de l'estomac, c'est-à-dire, dans les pléxus * nerveux
qui environnent les troncs des vaisseaux de
l'estomac, du foie, de la rate, du méfen-
tére, du cœur, &c. & quand cette émotion
est à un certain degré, elle donne au dia-

---

* *On appelle pléxus nerveux une espéce de treillis
ou de lacis que forment les nerfs. Les principaux font
ceux qu'on désigne ici, c'est pourquoi ces régions ont
tant de sensibilité.*

phragme voifin cette forte de convulfion
paffagére qui produit les éclats de rire.

La trifteffe, au contraire, porte un refler-
rement dans ces pléxus ; il femble qu'on y
ait un grand poids, & c'eft par ces pléxus
que ce refferrement femble fe communiquer
à tout le genre nerveux ; car qu'on apprenne
une fâcheufe nouvelle, on fe fent d'abord
frappé à cette région, & fi le refferrement
eft violent, on tombe en fyncope. 1.° Parce
que ces pléxus nerveux environnent les troncs
des vaiffeaux fanguins, & que leurs convulfions peuvent y arrêter le cours du fang.
2.° Parceque le refferrement qu'ils communiquent à toutes les parois nerveufes inter-
cepte le cours du fluide moteur. C'eft ainfi
que les grandes émotions fubites de l'ame
& des organes du fentiment, ont quelquefois caufé la mort, & produifent toûjours
des révolutions confidérables dans la machine : une joie extrême produira les mêmes
convulfions, parce qu'elle fortira des bornes
de cet ébranlement léger qui fait l'effence
du vrai plaifir. La joie ordinaire eft un degré
moderé de raréfaction du fluide fenfitif, qui
rend plus vifs les mouvemens des efprits,
accélere celui du fluide moteur : la joie exceffive porte cette raréfaction jufqu'à égaler
la bouffiffure convulfive qui accompagne la
douleur extrême, & en conftitue le méchanifme. Voilà comme les chofes les plus

oppofées fe touchent par leurs extrêmes.

La joie & la trifteffe ne font pas les feules paffions qui portent l'émotion dans les pléxus dont je viens de parler (j'appelle tous ces pléxus du nom général de *pléxus précordiaux*) ils font également remués par toutes les paffions, comme l'amour, la colére, la haine, &c. & par-là ces pléxus paroiffent être le fiége de ces paffions ; auffi font-ils unis aux artéres les plus confidérables, & ils ont une liaifon intime avec le fluide du cerveau & tous les organes des fens, confirmée par l'expérience journaliére & par la ftructure même du fiftême nerveux. Cette même expérience nous apprend qu'ils ont encore la plus grande part aux fonctions de la fubftance penfante, de-là le nom d'hypocondriaque donné à ceux qui ont certaines maladies d'efprit ; de-là auffi les avantages de la faignée au pied dans tous les fimptôme que je viens de parcourir ; de-là le fuccès des Praticiens qui, pour traiter ces maladies, ont tourné leurs remédes du côté de ces pléxus.

Le plaifir & la douleur nous viennent ou par les objets extérieurs, ou par les opérations de l'ame, ou par une certaine difpofition de la machine même.

La difpofition de la machine qui fait le plaifir, eft un certain état de fanté, un certain ton des pléxus précédens & des nerfs, qui donne une grande liberté de mouvement aux fluides, mouvement qui produit dans ces organes, & fur-tout dans les pléxus précordiaux, une forte de chatouillement leger & vague, plus aifé à fentir qu'à bien définir. Il femble qu'on fe fente vivre & que l'on foit chatouillé intérieurement par l'harmonieux mouvement des fluides, comme l'oreille a coutume de l'être par les cadences perlées d'un excellent violon. Ce chatouillement vage, ou ce bien-être qu'il n'eft pas aifé de déterminer eft oppofé à ce certain mal-être que fentent les mélancoliques; & c'eft ce bien-être vague qui produit la joie de tempérament, comme le mal-être qui lui eft oppofé; fait l'homme de mauvaife humeur par tempérament.

SENSAT. & Paſſions.
humeur, & de la mélancolie.

L'amour a un empire trop reconnu, dans toute la nature pour être ici oublié.

L'Amour.

L'on a dit, long-temps avant moi, que l'amour fe fent mieux qu'il ne fe définit, mais fi l'on dit bien ce qu'on fent, on l'aura défini, & fi l'on explique méchaniquement cette fenfation intérieure, on aura le méchanifme de l'amour.

Les amants atteftent fentir à la région du cœur une ardeur qui a été fort célébrée par les Poëtes : cette region eft celle des plexus précordiaux, & cette ardeur, eft le feu

réel, dont l'économie animale eſt capable :
c'eſt le ſang artériel rétenu & amaſſé dans
la region de ces plexus par l'état où ſe trouvent les rezeaux nerveux affectés · de cette
paſſion.

Les nerfs accompagnent partout les artéres, & les veines, & dans les pléxus, ils
forment un rezeau autour de ces vaiſſeaux :
Que ce rezeau ait un certain degré de tenſion, il retardera le paſſage du ſang : il l'ac-
cumulera dans ces régions ; delà une phlogoſe, & l'ardeur des amans, & en général
de toute eſpéce d'amour ; car celui de l'é-
tude même produit dans ces pléxus, la
même tenſion phlogiſtique. La diverſité des
amours dépend des objets ; celui de l'amour
proprement dit & par excellence, eſt un autre
nous-mêmes, un autre plus cher que nous-
mêmes. Notre ame en eſt enthouſiaſmée.
Elle communique au fluide ſenſitif ce qu'elle
peut de ſon état ; elle y produit cette ſorte
d'efferveſcence propre à donner le degré de
tenſion des pléxus que nous venons de dé-
ſigner, & une ſorte de fiévre lente & chaude
tout enſemble, qu'un Médecin célébre de
l'antiquité a fort bien diſtinguée au pouls :
le reſte de cette belle paſſion, toute en ſentimens plus généreux les uns que les autres,
eſt auſſi toute ſur le compte de l'ame, & ne
nous regarde plus. Sa correſpondance intime
avec des organes ſitués plus bas que le cœur

s'explique par l'origine des nerfs fpermati-
ques, du pléxus femilunaire, l'un des pléxus
précordiaux, & tout voifin du pléxus folaire,
leur centre & le centre du genre nerveux ;
cette derniére circonftance lie l'amour comme toute les grandes paffions, avec tous les
autres organes: l'amour fe lit dans les yeux
& la colére auffi, mais il faut avouer que
l'amour a une plus grande correfpondance,
& que dans certains momens fa fenfation eft
comme *le chorus* de toutes les fenfations ;
auffi fe prend-il par tous les fens.

L'amitié eft un amour plus doux, plus pa-
cifique, plus fage ; ces épithétes, chez les
Moraliftes la tirent de la claffe des paffions
pour la placer au rang des vertus ; chez un
Phyficien, l'amitié ne différe de l'amour
que par la modération du méchanifme &
par la privation des correfpondances avec
des organes plus voluptueux. Elle eft une
vraie paffion, quand elle eft portée au degré
où l'ont reffentie Caftor & Pollux, Nifus &
Euriale, & quand elle unit des perfonnes
des deux féxes, elle eft fi voifine de l'amour,
que rien n'eft fi commun que la métamorphofe de l'une en l'autre ; c'eft un feu doux
qui s'augmente & gagne, ou un feu ardent
qui fe modére ; ces expreffions chez nous ne
font pas métaphoriques ; nous avons décrit
le foyer réel de cette ardeur, & il eft aifé
d'en concevoir les divers degrés.

La haine eſt le contraire de l'amour & de l'amitié; l'état des pléxus, dans cette paſfion, eſt le contraſte de celui où les mettent les deux dernieres ; c'eſt tout ce que nous dirons d'une fenfation auſſi défagréable, auſſi ennemie du genre humain. La colére, & la peur, la bravoure & la poltronnerie ſont encore de ces paſſions capitales dont je ne puis omettre d'indiquer ici le méchaniſme.

La peur tient autant, pour le moins de la ſimple fenfation que de la paſſion, mais c'eſt une fenfation intérieure dont l'agent eſt l'ame, avertie d'un danger par quelque ſens extérieur.

Un précipice qui s'offre à nos yeux, nous fait frémir, & nous l'évitons. L'ame, le feul inſtinct même de notre confervation, affectée vivement de ce danger, affecte à fon tour le fluide fenfitif des pléxus, & par eux tout le genre nerveux de cette modification, par laquelle il produit l'érétiſme de ces canaux, ferme en partie ceux du fluide moteur ; juſques-là, que ſi la peur eſt exceſfive on perd toute faculté de ſe mouvoir. Un homme obligé de marcher fur une planche d'un pied de large, à 500 pieds d'élevation de la terre, fuccomberoit à la terreur que lui infpireroit cette hauteur, & ſe laiſſeroit tomber. C'eſt-là la magie de la faſcination d'un petit oifeau timide qu'un gros ferpent fixe de ſes yeux en ouvrant une gueule béante.

La colére tient à fon tour, plus de la paffion, ou de l'action de l'ame, que de la
fimple fenfation ; fon objet lui vient auffi
du dehors par quelques-uns des fens. J'entends une injure, mon ame en eft émue,
indignée ; elle affecte de cette modification
active, fon organe immédiat, le fluide
fenfitif ; elle eft telle dans celui-ci, cette
modification, qu'elle produit dans les nerfs
une tenfion au-deffous de l'érétifme, & par
conféquent une difpofition à des ofcillations
vives & vigoureufes ; en même temps l'ame
communique fon émotion active au fluide
moteur, qui aidé de ces grandes ofcillations, fe porte en foule dans tous les organes, & les rend propres à exécuter des
actions de vigueur.

La tenfion des nerfs rend difficile le retour
du fang de la peau du vifage ; l'artériel y
allant toujours, & s'y trouvant pouffé vivement par les ofcillations des vaiffeaux qu'augmente cette paffion, le vifage & les yeux
font enflammés.

Il y a des hommes que la colére rend
pâles, & ce font les plus terribles. En ceux-
ci, cette paffion tient à la crainte & au
défefpoir ; la modification du fluide fenfitif
eft fort tenace, la tenfion des nerfs eft
extrême & près de l'érétifme expliqué,
pag. 53. Les vaiffeaux capillaires artériels, fe refferrent prefque comme dans le

friſſon fiévreux, & empéchent le ſang d'aller juſque dans le rezeau de la peau , qui
parlà devient exangue & pâle. Cette colére
extrême tenant du déſeſpoir , elle détermine à toutes les extrémités , & n'eſt pas ſuſceptible des refléxions qui inſpirent ſouvent
au milieu de l'autre eſpéce de colère, des
ménagemens pour ſon ennemi , ou qui la
rend facile à appaiſer par un médiateur.

La bravoure & la poltronnerie tiennent
un peu aux deux paſſions précédentes , &
l'une & l'autre à la conſtitution robuſte ou
frèle du corps.

Le lion eſt hardi & fort, le lievre eſt foible
& timide ; d'où vient l'intrépidité eſt-elle
preſque toujours la compagne de la force,
dans les animaux même qui ne raiſonnent
pas , & dont la valeur ne peut pas être une
conſéquence tirée de ſa force , mais le
ſimple effet d'un ſentiment intérieur , ou
plutôt un méchaniſme intérieur ? Un brave,
outre les ſentimens particuliers à ſa belle
ame , ſent dans ſes pléxus précordiaux, une
vigueur qui lui donne comme méchaniquement une confiance entiére en ſes forces, un mépris du danger , & une ardeur
enthouſiaſte à combattre , à vaincre : ſes
pléxus ſont, comme on a dit , le centre
du ſyſtême nerveux; ſi ce ſyſtême eſt plein
de feu & de vigueur, c'eſt au centre où en
eſt le foyer, & où l'on en a le ſentiment

intérieur. Les pléxus font le fiége des paffions, le feu en eft l'ame. De toutes les
paffions, celle de fa confervation eft la
plus naturelle à tout animal ; celui qui fe
fent affez de ce feu intérieur pour n'être
pas confterné du danger, ne devient que
plus vivement animé par ce danger.même,
parceque la fenfation de la crainte, ne fait
fur fon fluide fenfitif que produire ce jufte
degré d'érétifme, qui donne les plus grandes ofcillations, & que fa confiance, fa ré-
folution, l'action de fon ame concourent
à faire couler à grands flots le fluide moteur
dans la cavité des nerfs, comme dans la colére modérée, &, pour ainfi dire, raifonnable, dont la bravoure en action tient un
peu, au moins par le méchanifme. La crainte
n'eft donc chez eux qu'un aiguillon à la
bravoure ; & cela eft général dans les animaux même. Un dogue refte tranquille
vis-à-vis de vingt roquets, qui aboyent
après lui ; voit-il un mâtin de fa force, fes
crins fe hériffent, il gronde, il menace, &
fe jette avec fureur fur un ennemi dont il
redoute la force, & dont il a reçu quelque
infulte ; enforte qu'on peut dire en général,
que la crainte eft le principe de la bravoure,
ou au moins de fes actions de vigueur. C'eft
ainfi que les befoins font la fource des plai-
firs qu'on goute en les fatisfaifant : la
gloire eft le plaifir de s'être délivré d'un

danger qui exigeoit du courage : & l'hom-
en eſt entouré, comme il l'eſt d'un infinité
de beſoins.

L'intrépidité, qui fait la baſe du courage,
ſuppoſe dans le fluide des nerfs, une abondance, une conſiſtance, une tenacité qui
rend ſes modifications fermes & conſtantes,
& qui jointes à de ſemblables diſpoſitions
dans la tiſſure des nerfs même, font des paſſions vigoureuſes & durables. L'inconſtan-
ce, compagne de la puſillanimité, reſide
dans des diſpoſitions toutes oppoſées : qu'on
me permette une comparaiſon groſſiére,
mais expreſſive ; la paſſion du premier eſt
un feu de gros bois, celle du ſecond un feu
de paille.

Le fluide ſenſitif du poltron eſt donc auſſi
inconſiſtant que ſes nerfs ſont frêles. Il a le
ſentiment intérieur de cet état de foibleſſe
de ſon ſiſtême nerveux. Il eſt ému à l'excès
à la vue du danger ; les parois de ſes nerfs
ſont miſes dans un érétiſme qui étrangle le
canal du fluide moteur ; ſi cette ſupreſſion
eſt à un degré extrême, tous les membres
lui manquent, comme on en a vu dans une
très-grande crainte, & il tombe ſans dé-
fenſe ; ſi elle eſt moindre, il réunit toutes
ſes puiſſances à mouvoir les muſcles de ſes
jambes & à fuir, & alors la peur lui donne
des aîles.

Il eſt des ſituations maladives, où l'homme

le

le plus intrépide devient plus timide qu'un lievre ; tel eſt un hydrophobe ; tels ſont certains vaporeux ; une ſenſibilité exceſſive dans tous les organes des ſens, dans les plexus, dans tous les nerfs en eſt le principe, & cette ſenſibilité a pour cauſe ou certaines eſpéces d'affections inflammatoires des organes précordiaux, ou la perverſion du ſuc nerveux, qui dans un état ſain fait toute la conſiſtance du fluide ſenſitif, perverſion qui eſt telle dans l'hydrophobe, qu'en peu de jours le fluide vital y eſt entiérement éteint ; elle ne différe dans certains vaporeux, que par un moindre degré ; auſſi a-t-on pluſieurs obſervations de vaporeux devenus hydrophobes.

Comme on a vu que l'ame a beaucoup de part à la bravoure par ſa réſolution, ſa confiance, l'empire qu'elle a ſur la machine, il peut arriver que toutes ces diſpoſitions méchaniques propres à la valeur, deviennent inutiles, parce que l'ame frappée par quelque terreur, ſoit panique, ſoit réelle, ſera la premiere à jetter le trouble dans ſes miniſtres, le fluide ſenſitif, les plexus & toutes leurs dépendances ; delà le bon mot de ce guerrier modeſte, *je fus brave un tel jour.* Tel eſt le méchaniſme naturel des principales paſſions : indépendamment des objets qui ont coutume de mettre ce méchaniſme

On peut
exciter
diverſes
paſſions
par les
alimens
& les re-
médes.

en jeu, il peut être excité par des alimens &
des médicamens ; il y en a qui procurent cet
état d'épanouiſſement des organes qu'on a
vu ci-devant produire la joie, comme il y
en a qui procurent le mal-être ou le mouvement inquiétant qui fait la mélancolie,
& rend un homme triſte ſans qu'il ſache
pourquoi. On a attribué dans tous les temps
la vertu de rendre gai, au bon vin : le café
fait le même effet en quelqu'autres, ſelon
le tempérament ou l'état des ſolides de ceux
qui prennent ces alimens.

Si ces Solides ont une certaine langueur,
un certain engourdiſſement, le vin, le café
leur donneront ces mouvemens aiſés qui
font le contentement ; ſi ces ſolides ſont
déja tendus & très-ſenſibles, cet aiguillon
nouveau les irritera, les roidira, & cette
tenſion produira la *rêverie*, la *mélancolie* par
Erétiſme.

Chaque tempérament & chaque paſſion
a ſon ton dans les pléxus qui font le ſiége
de ces paſſions : il eſt vrai-ſemblable qu'il y
a des drogues capables de produire tous ces
tons dans ces ſolides, qu'ainſi chaque paſſion a des drogues propres à l'exciter, &
que chaque tempérament a auſſi les ſiennes ;
enforte que ſi l'on s'appliquoit à approfondir ces rapports, on parviendroit peut-être
à faire aimer & haïr, rire & pleurer à ſon

gré tout le genre humain *. Ce pouvoir
pourroit même s'étendre fur les actions de
l'ame qui paroiffent le moins dépendantes
des organes ; & c'eft fans doute fur ce principe, que Defcartes fondoit fes efpérances,
de rendre par la médecine les hommes &
meilleurs & plus fpirituels ; car les actions
de l'ame dépendent beaucoup d'un certain
état de la machine.

Ce mouvement du fluide animal dans les
pléxus précordiaux, eft ce qui fait regarder
communément le cœur comme le fiége &
l'agent même des paffions. Les révolutions
que ces fougueufes modifications excitent
quelquefois dans tous ces organes, troublent
la regularité des mouvemens du diaphragme, du cœur & de la circulation, dont ces
nerfs portent le mobile ; mais le cœur proprement pris, le cœur mufcle moteur de la
circulation, n'a pas plus de part à toutes ces
aventures, que la roue d'un moulin dont
les eaux feroient interrompues, n'auroit de
part à l'irrégularité du mouvement des meu-
les : c'eft à ces eaux motrices qu'il faut remonter ; & pour le cœur, c'eft aux pléxus qui
feuls peuvent être comptés parmi les caufes
de fes dérangemens occafionnés par les paf-

Sensat.
&
Paffion.

L'opi-
nion qui
donne les
paffions
au cœur
eft une
erreur.

---

* On verra à l'artiele de l'ouie, que la mufique a
auffi cette puiffance d'infpirer toutes les paffions.

fions; encore ne faut-il pas porter aussi haut qu'on le fait l'importance du pléxus cardiaque : il s'en faut beaucoup qu'il soit des plus fameux entre les plexus précordiaux. Sa liaison avec les stomachiques, hépatiques, mezentériques, sémilunaires, &c. plus considérables que lui, doit, sans-doute, le faire participer à leurs diverses scénes ; mais on ne confond que trop souvent leurs affections avec les siennes ; on appelle *mal de cœur* des envies de vomir, qui appartiennent à l'estomac ; on n'est gueres plus juste dans ses expressions, quand on fait le cœur le trône de l'amour ; l'empire de cette passion, comme de toutes les autres, ainsi qu'on l'a vu, est celui de tous les pléxus, & surtout du stomachique : celui du cœur n'en est que la plus petite province & la moins affectée.

Quand les émotions des pléxus dont nous venons de parler font telles, qu'elles participent un peu du resserrement de la tristesse & de la crainte, elles se communiquent aux nerfs de la face dont l'érétifme arrête le retour du sang de cette région ; tandis que les pléxus précordiaux ferrant à la fois tous les troncs des artéres inférieures, le sang est obligé de se jetter en abondance dans les vaisseaux de la face, à laquelle il donne une couleur écarlate, & cette passion fait la *timidité*, la *honte*, la *pudeur*.

A l'émotion générale que les paſſions excitent dans le fluide animal & dans les pléxus, il faut ajoûter une émotion particuliére
dans le ſens ou l'organe qui fait le ſiége de
la paſſion, & qui reçoit d'ordinaire l'impreſſion extérieure, principe de l'émotion
interne. Telle eſt l'émotion qui ſe fait dans
l'organe du goût pour produire l'apétit ou la
gourmandiſe, ſoit que l'objet même affecte
l'organe, ſoit que ſon idée ſeule le remue;
car il n'eſt pas toujours néceſſaire que l'objet
affecte l'organe, pour exciter cette émotion, l'imagination ou le fluide du cerveau
qui en eſt l'organe ſe revêt quelquefois de la
même modification, du même caractére que
produit en lui l'émotion excitée par l'objet,
il la communique au reſte du fluide, & par
lui à l'organe propre à cette ſenſation. Qui
eſt-ce qui n'a pas obſervé dans ſa jeuneſſe,
& même à tout âge dans certains états
agités de la machine, qu'il ſe préſente la
nuit à nos yeux une infinité de ſpectres que
nous voyons auſſi diſtinctement que s'ils
étoient des objets réels qui affectaſſent notre
vûe. L'efferveſcence des liqueurs & des ſucs
nerveux eſt le principe de cet état; elle offre des ſpectres aux yeux, des bruits de toutes les eſpéces aux oreilles, &c. en faiſant
paſſer ſucceſſivement le fluide animal par
une infinité de modifications de ſon genre,
parmi leſquelles on a vû que ſont compriſes

SENSAT.
&
Paſſions.

Correſ-
pondan-
ce réci-
proque
entre le
fluide des
organes
& cclui
du cer-
veau.

les ſenſations. Celles des ſons ſeront rappellées dans les eſprits de l'organe de l'ouie, comme celles des images dans le fluide animal des yeux ; & tout cela ſe paſſe ſi réellement dans chaque organe, que pour ſe défaire de la viſion des ſpectres, il faut chercher la lumiére & des objets, qui, en entrant dans nos yeux les affectent de leurs impreſſions, & éteignent par-là les modifications phantaſtiques. L'ame eſt de toutes ces ſcénes, & elle en eſt quelquefois l'auteur. C'eſt elle qui en rappellant l'idée des mets excellens, met les organes de la digeſtion en mouvement, y excite la ſalive & les autres liqueurs, comme ſi ces organes étoient affectés par les agens de la faim ou par l'action des alimens mêmes.

Mais d'où vient l'idée d'un mets excite-t-elle la faim plutôt que l'amour ? Ou d'où vient remue-t-elle l'organe de la digeſtion plutôt qu'un autre ? Car le fluide du cerveau remué par cette idée, correſpond également à tous les autres organes.

Le fluide animal affecté dans le cerveau d'une modification, par une idée, par une paſſion quelconque, communique également ſon émotion au fluide de tous les organes qui lui répondent ; mais cette émotion n'ébranle que l'organe avec lequel elle eſt proportionnée : par exemple, je chante dans une ſalle remplie de mille vaſes de fayance, le fon que je produis remue tout l'air qui environne ces vafes ; cependant de mille vafes, il ne s'en trouve qu'un qui réfonne quand je produis un certain ton, parce que ce vafe eft le feul qui fe trouve à l'uniffon avec ce ton, ou, ce qui revient au même, parce que ce vafe eft le feul dont les vibrations foient d'accord avec celles que j'excite dans l'air.

Si vous voulez faire cette expérience d'une façon plus fûre , prenez deux baffes de viole parfaitement d'accord , touchez à vuide une corde quelconque de l'une des deux baffes, vous obferverez dans l'autre baffe, que la corde pareille à celle que vous touchez aura un tremouffement fenfible , par l'accord des vibrations entre ces cordes, & il n'y aura que cette corde , dans la baffe que vous ne touchez point, qui rece- vra cette impreffion.

De même le méchanifme de chaque fenfation eft une modification du fluide animal propre à chaque organe , c'eft le ton de cet organe ; & quand le fluide ani- mal du cerveau eft revêtu d'une de ces mo- difications , quoique cette modification re- mue, ou plutôt faffe effort pour remuer tout le fluide animal correfpondant aux autres organes, cet effort n'a lieu que fur le fluide de l'organe, qui eft à l'uniffon avec cette modification ; c'eft ainfi que l'idée d'un

Sensat.
&
Paſſions.

mets ou la modification qu’elle excite, remue ſeulement l’organe du goût qui lui eſt
proportionné , & qu’elle ſe perd , qu’elle
s’éteint, & ne fait nulle impreſſion ſur les
organes de l’amour auſquels elle eſt diſpro-
portionnée.

Cette action réciproque du fluide du cerveau ſur celui de l’organe, & de celui-ci ſur
le fluide du cerveau , eſt commune dans
toutes les paſſions qui ſe prennent & ſe donnent par les ſens. L’émotion flateuſe qui
réſulte de l’impreſſion des objets ſur les
ſens, ſe nomme plus particuliérement *fen-
ſualité*, & l’on appelle *ſenſuel* celui qui eſt
très-ſenſible à ces émotions flateuſes.

Erreur de
ceux qui
expli-
quent les
ſenſa-
tions par
le tré-
mouſſe-
ment des
nerfs.

Le ſiſtême que je viens d’expoſer ſur le
Méchaniſme des ſenſations me paroît plus
vrai-ſemblable que tous ceux qu’on a débi-
tés juſqu’ici.

Les Phyſiciens , qui regardent les nerfs
comme des cordes ſolides, diſent que les
ſenſations ſe font par l’ébranlement de ces
cordes , porté juſqu’au cerveau ; mais pour
détruire leur ſiſtême , il ne faut que leur
montrer la diſparité qui ſe trouve entre les
nerfs & les cordes d’inſtrumens. Les nerfs
ſont des cordes lâches , attachées à divers
points , couchées , repliées dans des graiſ-
ſes, dans des chairs , autour des vaiſſeaux.
Eſt-ce là l’état des cordes d’une baſſe de

viole? Si au lieu d'un chevalet qui foutient ces cordes, on en mettoit quatre, & que les ayant garnies de cotton, on les lâchât toutes, croyez-vous qu'elles rendroient des fons? Si vous piquez, fi vous pincez, fi vous coupez à demi une corde de viole en l'apuyant fur quelque chofe, elle ne tremouffe pas, elle ne donne pas de fon ; qu'on faffe la même chofe aux nerfs, ils entrent en convulfion ; fi vous liez, fi vous comprimez un nerf, les parties d'au-deffous font paralytiques, tandis que celles d'au-deffus de la ligature ont la vie & le mouvement ; une corde de viole liée donnera-t-elle du fon par fa partie fupérieure, tandis que la partie inférieure ne branlera pas?

En vain ces Phyficiens alléguent-ils qu'on ne voit pas de cavité dans les nerfs. Lewenhoeck dit * y avoir vu ces cavités avec fes excellens microfcopes, d'un bout à l'autre des nerfs : mais quand il ne les auroit pas vues, feroit-il bien étonnant qu'on ne vît pas les canaux d'un fluide auprès duquel tous les autres fluides invifibles font des corps groffiers? Voit-on l'air qui eft fi palpable, comparé au fluide animal ? Voit-on les vaiffeaux reconnus dans tous les végétaux, &c.? Voit-on les filiéres toutes droi-

Sensat. & Paffions.

____

* *Dans fes lettres à Abraham Blaifwyk.*

tes du diamant, du criftal, qui font pourtant de grands chemins pour la lumiére,
laquelle eft encore elle-même une fubftance
groffiére comparée au fluide nerveux ? Enfin, que voit-on dans le monde ? Rien, en
comparaifon des chofes qu'on n'aperçoit pas.

J'ajoûte à la cavité néceffaire dans les
nerfs, une affinité, une analogie qui lie le
fuc nerveux contenu dans leurs parois avec
le fluide animal : car fans cette affinité,
quelque folides qu'on fuppofe ces parois,
je ne comprends pas comment elles pourroient contenir un fluide qui pénétre les
fubftances les plus compactes.

Aux preuves que je viens de donner d'un
fluide contenu dans les nerfs, nous pouvons
ajoûter l'expérience déja citée du nerf diaphragmatique : nous avons dit qu'en liant
ce nerf, on ôte le mouvement au diaphragme, & qu'on le lui rend enfuite en pref-
fant ce nerf entre les doigts depuis la ligature jufqu'au diaphragme, phénoméne encore inexplicable dans le fiftême du trémouffement des nerfs.

Ceux qui mettent un fluide dans les
nerfs, & qui établiffent que les fenfations
fe font par une efpéce de reflux ou d'ondu-
lation des efprits, depuis l'organe affecté
jufqu'au cerveau, n'ont pas de moindres
difficultés à réfoudre. 1.° Les efprits font
pouffés fans ceffe dans toutes les parties par

le mouvement du cerveau, comme le fang artériel eft chaffé par l'impulfion du cœur dans ces mêmes parties; or comment s'imaginer qu'une paille qu'on paffe par la plante des pieds fait rebondir le fuc nerveux dans le cerveau, tandis qu'il n'y a point de compreffion capable de faire réfluer une goute de fang du pied contre le cœur. 2.º Si ce reflux étoit la caufe des fenfations, en apuyant du plat de la main fur une partie, on exciteroit un bien plus grand reflux, & ainfi une bien plus grande fenfation, qu'en y enfonçant une aiguille ; celle-ci fait pourtant une fenfation beaucoup plus vive.

Enfin, voici des objections auffi folides contre les deux fiftêmes précédens, c'eft-à-dire, contre le reflux des efprits & le trémouffement des nerfs. La plupart des nerfs fe terminent à des ganglions ; fuivant les découvertes de M. Petit le Médecin, le fameux nerf intercoftal * tire lui-même fon origine des ganglions & non du cerveau : en général les principes des nerfs font trèspetits, & leurs divifions très-nombreufes & très-groffes, les nerfs de l'épine ne fe con-

---

* *C'eft le nerf le plus fameux du corps humain ; il eft appellé, par M. Vinflou, le grand fympathique ; il defcend de chaque côté de la bafe du crâne & du cou dans le tronc, s'affocie avec ceux qui fortent de l'épine & fe diftribue dans toutes les parties.*

Néceffité
de notre
fyftême.

tinuent pas dans fa fubftance jufqu'au cerveau; comment veut-on que tous ces nerfs,
qui ne vont pas jufqu'au cerveau, y portent
les impreffions des objets?

Il faut donc néceffairement en revenir à
notre fyftême, qui met le fluide fenfitif dans
la partie même, & qui établit fa correfpondance avec celui du cerveau par fa continuité avec ce fluide, & par la communauté
réciproque & inftantanée de leurs modifications ou de leurs caractéres.

D'ailleurs ce fyftême n'eft nouveau que
par le comment ou le méchanifme de la
fenfation; car l'opinion qui place la fubftance fenfitive dans toutes les parties du
corps eft très-ancienne. C'étoit même l'o-
pinion de S. Auguftin, *Epift.* 166. *pag.* 539.
Le fentiment du toucher, dit M. Hecquet,
cette fenfation qui eft fi univerfelle avec fi
peu d'aparence d'organifation, & en quelques endroits fi éloignée du cerveau, obf-
curcit étrangement l'idée du fiége de l'ame;
jufques-là qu'elle a fait penfer à des efprits
non moins éclairés que religieux, que le
fiége de l'ame pouvoit être par tout le
corps. *Médecine Théolog. p.* 378.

DU FLUIDE ANIMAL,
dans le Cerveau.

TOUT ce qui fe paffe dans le cerveau, n'eft que la répétition des impreffions des fens, ou feules, ou combinées, & le cerveau n'eft guéres lui-même que l'écho des autres organes ; c'eft leur bureau de correfpondance. Chacun d'eux y a une ef-péce de Conful de commerce, enforte qu'on pourroit prefque regarder le cerveau, à cet égard, comme la cour d'un grand Prince, où le concours des Ambaffadeurs de toutes les puiffances voifines, lie en quelque façon ce Souverain avec tous fes Tributaires ; c'eft dans l'union de l'ame avec tous ces fluides alliés, que confifte le principe de toutes les fonctions de cette fubftance fouveraine.

Le cerveau n'eft guére que l'écho des organes des fens.

Les fonctions de l'ame dans le cerveau fe divifent en ces deux générales, *perception* & *action*.

Divifion des fonctions du cerveau.

DANS
le
cerveau.

Les efpéces de la premiére fonction générale ou de la perception , font toutes les
fenfations que nous avons examinées précé-
demment, communiquées jufqu'au cerveau.

Les efpéces de la feconde fonction ou de
l'action font, 1.° tous les concours de l'ame
dans les organes des fenfations, des paffions
& du mouvement. 2.° Toutes les répétitions
des fenfations que l'ame fait elle-même dans
le cerveau, foit en répétant fimplement les
rôles que les organes lui ont fait jouer,
répétition qui s'appelle le plus fouvent la
mémoire ; foit en combinant ces rôles, ces
idées , ce qu'on nomme *imagination* ; foit
enfin en les combinant de façon à en tirer
des conféquences , ce qui fait le *raifonnement.*

La mé-
moire.

La mémoire eft une action de l'ame, par
laquelle elle fe rappelle les chofes paffées ,
en fe revêtant au moins d'une partie des impreffions & des caractéres que les objets
extérieurs produifoient en elle, lorfqu'ils
agiffoient fur les fens ; mais elle prend ces
caractéres dans un degré beaucoup plus
foible.

L'Imagi-
nation.

Par l'imagination l'ame fe repréfente les
chofes prefqu'auffi vivement que fi elles af-
fectoient actuellement les organes des fens ;
c'eft-à-dire, que l'ame fe revêt des caractéres que ces fenfations ont coutume de lui

imprimer , presqu'auſſi vivement , & dans
certains cas plus vivement , que ſi les objets
imprimoient eux-mêmes ces caractéres ; &
c'eſt dans cette force & dans cette exagé-
ration ſéduiſante de l'imagination , que réſide à la fois tout le bien & tout le mal
qu'elle nous fait , ſuivant que ſon objet eſt
légitime ou défendu , innocent ou dangereux. L'imagination a encore cet avantage
ſur la mémoire, que la mémoire la plus parfaite n'eſt qu'une eſclave , qui repéte à la
lettre des leçons toutes dictées , ou qui eſt
aſſujettie à raporter des images toutes tra-
cées, au lieu que l'imagination compoſe de
pluſieurs idées , une nouvelle ſuite de ces
idées, un nouveau plan.

Quoique l'imagination l'emporte ſur la
mémoire par bien des endroits, cette derniére faculté ne laiſſe pas d'être elle-même
une eſpéce de prodige , non-ſeulement par
la façon dont elle s'opére , mais encore par
ſon étendue incompréhenſible ; que de volumes , que de faits, que de mots dans la
tête d'un homme d'une grande érudition ,
d'un ſavant en pluſieurs langues ! Quel prodige que la mémoire de ces hommes, ſi
l'on ne nous en impoſe pas , qui pouvoient
répéter cinquante mille mots Grecs , Latins ,
Barbares, qui n'avoient aucun rapport entr'eux , pour les avoir entendus une fois ,
& qui pouvoient les répéter en commençant

par la fin ou par le milieu , ou par le commencement, au gré de celui qui en vouloit
faire l'essai. *Observation Physique , tom.* 3 ,
pag. 251.

La mémoire nous rappelle les choses pas-
sées avec toutes leurs circonstances, & une
de celles-ci suffit pour nous rendre présent
l'événement entier. Les mots seuls de la
bataille de Fontenoy me remettent, en quelque sorte devant les yeux tout le local
que j'ai vû , & réciproquement , quand je
revois la plaine de Fontenoy, tout ce qui s'y
passa le 12 Mai 1745, me revient.

Un de mes amis emploie singuliérement
cette propriété de la mémoire, pour se res-
souvenir des choses qu'il craint d'oublier.
Vous lui donnez une commission. Il regarde
fixement un endroit particulier de son ap-
partement , en se répétant la commission
donnée , & pour la retrouver , il n'a qu'à
aller regarder avec la même attention cet
endroit là.

Un de mes confrères , de l'Académie de
Rouen, pour se rappeller un nom d'homme,
qu'il a oublié, combine toutes les conson-
nes de l'alphabet avec les voyelles , & ne
manque gueres par-là, de retrouver le nom
cherché, parceque dans cette combinaison
est toujours comprise quelqu'une des sylla-
bes qui composent ce nom.

Une

Une circonftance encore très-finguliére,
concernant la mémoire, c'eft qu'elle ne
paroît pas bornée à cette faculté intellectuelle que l'on place dans la tête, & qu'elle
paroît réfider, en partie au moins, dans des
organes beaucoup plus corporels en apparence, tels que la langue, les mains même,
qui ne paroiffent que des inftrumens méchaniques, remués par l'intelligence. Par rapport à la langue, combien ne nous arrive-
t-il pas de réciter de fort longues priéres,
en penfant à tout autre chofe, & par conféquent fans que l'ame s'en occupe. Les
doigts d'un Muficien ne font pas moins of-
ficieux. Pendant que cet Artifte caufe avec
fon confrére, ou qu'il rêve à toute autre
chofe qu'à fa mufique, fa main exécute fur
fon violon une piéce infiniment chargée de
notes, de difficultés même que l'habitude
a vaincues, & qu'elle a, en quelque forte,
tranfmifes dans fes doigts. J'en dirai autant
de la danfe la plus variée & la plus forte.

On croit avoir expliqué ce phénomene,
quand on l'a attribué à l'habitude ; mais
l'habitude n'eft ici qu'un mot, qui n'eft pas
plus fatisfaifant que celui de hafard. Tous
ces mouvemens fe font par des mufcles que
gonflent des efprits, que la volonté a le
pouvoir de faire agir, mais qui, dans plufieurs cas, ou n'attendent pas fon ordre,
ou même agiffent contre fes ordres ; tels

DANS
le
cerveau.

N

ſont les mouvemens involontaires. Dans ceux de ces mouvemens qui ſont des ſuites d'irritation, on peut alléguer contre mon opinion, que l'aiguillon contraint la volonté de faire agir les muſcles; qu'un charbon ardent ſur ma main m'oblige à vouloir promptement le ſecouer; mais en voici quelques eſpéces où il me ſemble que ce ſubterfuge ne peut avoir lieu, & où les mouvemens muſculaires s'exécutent évidemment contre l'ordre poſitif de la plus forte volonté. J'ai vu un hydrophobe très-raiſonnable, dans la plus ferme réſolution de boire un verre d'eau, le porter courageuſement vers ſa bouche, & là, ſes bras ſe redreſſer malgré lui, ſe roidir & éloigner très-promptement, très-vivement le vaſe fort loin de lui, & rendre inutiles tous les efforts de ſa volonté. Un homme courageux veut avaller un aliment qui répugne beaucoup à ſon goût, à ſon eſtomac; ſes mains & ſa bouche obéiſſent à ſa réſolution, mais ſon goſier ſe ferme, ou ſon eſtomac ſurpris & indigné en quelque ſorte, vomit l'aliment. Eh! l'hipochondriaque, le fou, le furieux, le ſont-ils volontairement? Ne ſont-ils pas au déſeſpoir de leurs extravagances, dans ce qu'on appelle leürs *bons momens*? N'eſt-ce pas de ces cas très-nombreux qu'eſt née cette expreſſion triviale, *cela eſt plus fort que moi*? Qu'eſt-ce que ce

moi ? L'ame, qui a un antagoniſte qui la do-
miné quelquefois, très-ſouvent même,
comme on l'a déja vû p. 148. Or s'il y a
chez nous, dans nos organes, une puiſſance
qui ſe révolte contre l'ame, & qui exécute
des mouvemens contraires à ſes ordres,
pourquoi cette puiſſance n'agira-t-elle pas
auſſi indépendamment de cette ſubſtance
penſante, & en ſon abſence, ſi l'on peut
dire? Quand le Muſicien, dont je viens de
parlér, apprenoit ſa piéce remplie de difficultés, ſon ame toute entiére ſuffiſoit à
peine à ordonner ce pénible exercice au
fluide animal de cette cohorte de muſcles,
qui l'exécutoient peſamment, & irrégu-
liérement : au bout d'un certain temps, les
voilà formés à ces évolutions compliquées,
& ils vont ſeuls, leſtement, ſans l'ordre du
Major, ou pendant que celui-ci converſe
avec d'autres Officiers. Tout ceci peut-il
être l'effet d'une ſimple ſuite de combinai-
ſons méchaniques, de fluides & de ſolides ?
Et n'eſt-il pas plus vraiſemblable de reconnoître dans chaque organe, un agent particulier, un inſtinct, un eſprit en ſous-ordre
& ſubſtitut de l'ame, dont il tient ſon énergie, ſes pouvoirs, quoiqu'il lui ſoit ſouvent
rebelle, eſpéce d'inſtinct que nous avons
déja indiqué, p. 126 & 148, de cet ouvrage;
Puiſſance ſubalterne capable d'agir à part,

& de jouer, pour ainſi-dire, des rolles qu'on lui a enſeignés.

Mais voici une choſe plus admirable encore que toutes les précédentes, c'eſt la longue conſervation des choſes appriſes, ou l'eſpéce de perpetuité dont jouit la mémoire.

Je me ſouviens à 66 ans de choſes qui me ſont arrivées à ſix. Et ce ſouvenir m'affecte, à peu-près, des mêmes ſentimens de peine ou de plaiſir que je reſſentois alors.

J'ai de plus le ſentiment intérieur, que c'eſt le même moi, la même ſubſtance penſante, qui a été affectée alors de ces peines, de ces plaiſirs, qui ſe les rappelle aujourd'hui, & qui ſe les rappellera juſqu'à cent ans, ſi je parviens à cet âge avec l'intégrité des facultés de mon ame. Il me ſemble qu'on pourroit tirer de ce fait une preuve aſſez forte de l'immatérialité & de l'immortalité de cette ſubſtance penſante toujours la même, pendant une ſi longue ſuite d'années, ſi nous n'en avions pas d'ailleurs des démonſtrations plus fortes encore. Mais outre cette partie intellectuelle, qui eſt là dominante, & le premier principe de toute action, il faut admettre dans la mémoire, comme dans toutes nos facultés dépendantes des ſens, une autre partie organique, méchanique, matérielle, puiſque l'ame ne

peut être ébranlée immédiatement par les
objets corporels , & que les organes concourent , non-feulement aux fenfations ,
mais encore à en rappeller le fouvenir ,
comme on vient de le remarquer ; car la
mémoire eft en partie volontaire & en partie involontaire , occafionnelle , méchanique. Il feroit bien commode de fuppofer ,
comme nos Peres , que tous les événemens
font tracés , ou dans les organes , ou dans
le cerveau , & que l'ame , pour les revoir ,
n'a qu'à parcourir cette efpéce de bibliothéque qu'elle a , pour ainfi-dire , fous fa
main. Mais l'image de la plaine de Fontenoy , qui fe peint dans mes yeux , n'y refte
pas plus gravée que celle de l'eftampe qui
la repréfente , ne refte dans le miroir de
mon optique ; & les fons moelleux , harmonieux du violon de Baptifte , dont je me
fouviens fi agréablement , ne font pas plus
permanens dans mon organe de l'ouie , qu'ils
ne l'ont été dans le violon même de cet
habile artifte , où ils fe fuccédoient fi rapidement.

Si ces fenfations ne reftent pas dans l'organe qui les reçoit immédiatement , & qui
en eft vraiment affecté , comment concevra-t-on qu'ils demeurent dans la corde
nerveufe qui les porte au cerveau ou dans
le cerveau même ? Ils ne concourent l'un &
l'autre à la fenfation que par le fluide animal

DANS
le
cerveau.

qu'ils contiennent, & qui eſt contigu à l'organe. Le rendez-vous moëlleux de toutes ces
cordes, le cerveau, eſt une eſpéce de crême
incapable d'aucune modification, ni paſſa-
gere, ni permanente. Il faut donc remonter
au ſuc nerveux, au fluide animal pour la
partie organique de la mémoire capable de
conſerver des veſtiges des ſenſations ;
d'ailleurs c'eſt dans ce fluide que nous avons
placé (p. 150) les modifications méchaniques qui conſtituent ces diverſes ſenſations
& paſſions ; c'eſt donc dans ce fluide, dans ce
ſuc nerveux qu'il faut trouver ce fond permanent de. bibliothéque. La ſtructure &
l'arrangement de ce fond, ſi immenſe dans
les Savans, ſera toujours un myſtére incompréhenſible. Et la ſeule permanence d'un
même ſuc nerveux dans les organes, depuis
l'enfance juſqu'à la mort, n'eſt-elle point
déja un prodige? Quelle liqueur, quel ſuc
dans l'économie animale ne ſe diſſipe pas
perpétuellement, ne ſe répare pas ſans
ceſſe ? Ne ſommes nous pas toutes les 24
heures accablés de ſommeil pour la répa-
ration de ces eſprits mêmes, dont nous
voulons ſuppoſer ici un fond inaltérable &
permanent dans la machine pendant toute
ſa durée.

Ces deux faits contradictoires, en apparence, me paroiſſent cependant également
vrais, & je crois pouvoir les concilier par

les diverfes fortes de ce fluide animal, dont nous avons déja donné quelques notions. Il doit néceffairement en exifter une efpéce effentiellement attachée au fyftême médullaire & nerveux, & auffi permanente dans ce fyftême, que fes parties les plus folides ; elle me paroît démontrée dans le regne végétal.

DANS le cerveau.

Le gland d'un chêne tombé de l'arbre, contient un efprit féminal, qui s'y conferve concentré & affoupi grand nombre d'années, pour peu que l'on mette cette femence à l'abri des altérations du temps ; rendez ce gland au fein de fa mere, la terre, cet efprit, fource de la vie végétative du chêne, s'y développe, y produit ce grand arbre, les feuilles innombrables qui le couvrent tous les printems, les millions de glands qui doivent le propager, & il s'y foûtient dans cette vigoureufe fécondité, l'efpace de 300 ans. L'analogie eft frappante & l'application s'en fait d'elle-même.

Quant au pouvoir qu'a notre ame de fe donner à elle-même ces mouvemens, cette activité qui met toutes fes facultés en jeu, qui revêt à fon gré tout le fluide animal, des caractères que demandent l'imagination, la mémoire, les fenfations, les paffions, &c. c'eft une chofe que nous admirerons toujours, & que nous n'expliquerons jamais.

Action propre à l'ame, & incompréhenfible.

Cette action de l'ame, telle qu'elle foit, eſt proprement ce qui fait la paſſion, & ce qui la diſtingue de la ſimple ſenſation. La ſenſation eſt la perception d'une impreſſion faite ſur les ſens ; la paſſion eſt une action de l'ame unie au fluide du cerveau qui, à l'occaſion d'une ſenſation, prend ces modifications vives, & produit dans les pléxus, ces émotions qui caractériſent les paſſions. Indépendamment même de la ſenſation actuelle, l'ame peut ſe donner les différentes paſſions de joye , de triſteſſe , &c. parce que ſa puiſſance ſur le fluide animal, la met en état de faire reprendre à ce fluide les modifications qui conſtituent chacune de ces paſſions.

Quand le fluide animal eſt revêtu dans le cerveau d'une modification qui fait la joie, que cet état eſt dans un degré modéré, mais durable, il fait ce qu'on appelle *contentement, bonheur.* Cet état vient d'une idée conſtante de plaiſirs vrais ou faux que l'ame reçoit, ou qu'elle ſe donne dans le cerveau. Quoiqu'il y ait grand nombre de gens dont la vie n'eſt preſque qu'un tiſſu d'occaſions de plaiſirs , d'événemens heureux , il eſt cependant peu de perſonnes heureuſes ; parce que cet état de l'ame dépend beaucoup de la façon de penſer, & celle-ci à ſon tour dépend extrêmement,

pour le bien-être de la vie, de cette difpofition de la machine, qui conftitue la *joie
de tempérament*, la *bonne humeur*, *pag.* 169.

Quand l'objet de notre joie n'eft pas préfent, & que l'idée de fon abfence fait une
impreffion fâcheufe qu'on voudroit effacer
par la jouiffance, cette modification mixte
ou équivoque fait le *defir*. J'appelle cette
paffion équivoque, parce que tantôt l'ame
fe revêt de la modification, qui fait la joie
modérée par l'idée de la poffibilité de pofféder l'objet défiré, & cet état fait l'*efpérance*;
tantôt elle fe livre à l'impreffion fâcheufe de
fa privation, avec des idées de difficûlté ou
d'impoffibilité de pofféder cet objet, ce qui
fait la *crainte* ou le *défefpoir*.

Ces deux derniéres paffions ont donc les
mêmes modifications que la trifteffe & la
douleur, dont elles ne différent que par le
mélange de l'idée flateufe de la poffeffion
qui détend & ranime un peu par intervalle
les organes des fenfations & du mouvement : mais un vrai défefpoir ou une crainte
fans aucune efpérance, s'il en eft, produit
un abattement général, & ne différe en
rien de la douleur & de la trifteffe parfaite.

Quand la modification mixte qui fait le
fimple defir, eft violente au point que le fluide animal fait dans les organes des fenfations précordiales, ou dans les pléxus ner-

DANS le cerveau.

que des simples fenfations.

veux, ces irruptions, ces mouvemens qu'on connoît fous le nom d'*émotions*, cette modification active & violente ajoûtée à la premiére, fait ou l'amour, ou la colére, ou la terreur, &c. fuivant l'efpéce de l'émotion.

C'eft ainfi que les fonctions du fluide animal du cerveau qui paroiffent les plus ifolées des fonctions de fes autres portions, font toujours liées avec tout le refte de la machine, & dépendent même de fon état : par exemple, en quoi penfez-vous que différe un homme d'efprit, d'un ftupide ou d'un fou? Vous favez que du côté de l'ame métaphyfique, il y a entr'eux une égalité parfaite ; c'eft donc dans le fluide animal, & dans la machine qu'il faut chercher ce qui les fait différer.

En quoi confiftent le génie, la ftupidité, la folie.

Les difpofitions qui font le *génie* font, 1.° une grande quantité de fluide animal dans le cerveau ; de-là vient que les animaux qui ont plus de cerveau, comme le finge, ont auffi plus de fagacité ; & c'eft peut-être là encore une des caufes de la fupériorité de l'homme fur tous les animaux, dont aucun n'a le cerveau fi ample, proportionnellement à fon corps, pas même l'élephant & la baleine. La feconde difpofition qui fait le *génie*, eft une forte de pureté dans le fluide animal, une jufte proportion dans les alliages dont il a befoin pour fes fonctions, proportion qui dépend de la nature de l'air qu'on refpire, de la ftructure des poumons, du cerveau, des ganglions, des glandes, & même un peu des alimens dont on forme les liqueurs aufquelles s'allie ce fluide. La troifiéme difpofition eft une tenfion moyenne des organes des fens intérieurs & extérieurs, d'où réfultent des ofcillations libres & brillantes de ces organes ; cette troifiéme difpofition dépend beaucoup des premiéres, & de la ftructure des nerfs qui ne doivent être ni trop folides ni trop creux.

On a déja vu dans l'article des tempéramens, que cette ftructure totalement creufe des nerfs des enfans, eft ce qui les caractérife. C'eft à elle & à l'inconfiftance de leur fuc nerveux, au mouvement impétueux des fluides qu'ils doivent cette grande vivacité d'efprit, toujours accompagnée d'inconftance & de défauts de jugement, toujours le jouet des paffions qui y font exceffives.

L'homme fait & vraiment tel, doit fa vigueur, fa force corporelle & fpirituelle à la folidité du tiffu de fes nerfs, à la confiftance & à l'abondance de fon fuc nerveux. De quoi eft capable un homme, dont les débauches ont épuifé cette liqueur ? Qui ne connoît pas dans toutes les efpéces des animaux, la force fupérieure du mâle qui eft rempli de ce fuc précieux ? A qui la pufillanimité de l'eunuque qui en eft privé n'eft-elle pas connue ?

Le convalefcent épuifé de tous fes fucs par la maladie, tient la foibleffe des opérations de fon efprit, de la même privation.

L'état des vieillards parvenus à un grand dégré de caducité, eſt une convalefcence perpétuelle. Et ceux qui ont fait les plus grands efforts de génie, font peut-être les plus expofés aux foibleffes de cet âge. On fait ce qu'eſt devenue à 80 ans l'ame vraiment Romaine du grand Corneille. Cette enfance de l'extrêmité de la vie eſt donc due à ce même principe d'épuifement & d'inconfiſtance du fuc nerveux.

L'inconfiſtance du fuc nerveux, dira quelqu'un, explique bien la foibleffe des penfées & des actions de celui où elle fe trouve; mais la vivacité des enfans, par exemple, celle de leurs actions, de leurs défirs n'en paroît pas une fuite : au contraire, il femble qu'elle fuppofe un principe actif & vivifiant à l'excès ; auffi ajoutez-vous à cette inconfiſtance de leur fuc nerveux, *un mouvement impétueux des fluides.* Cette impétuofité eſt vifible dans les enfans, par le battement fréquent de leur pouls. Cette circonſtance manque dans les convalefcens & les vieillards.

La fréquence du pouls eſt un figne fort équivoque de la vivacité; je puis même dire qu'il y a fort peu de liaifon entre ces deux effets, j'en ai un exemple convainquant dans un de mes meilleurs amis ; son pouls est de 45 à 50 battemens par minute, c'est-à-dire, le plus lent qu'on puisse observer, & il a une vivacité de cent pulsations , si elle se mesuroit par-là ; la vivacité néanmoins suppose beaucoup de mouvement, mais ce n'est point dans le cœur; c'est surtout dans le fluide animal.... 1°. Celui-ci est fait de deux parties, un suc nerveux gélatineux, & un fluide subtil , actif, auquel le premier donne des entraves, comme on l'a vu en son lieu ; l'enfant, le convalescent, le vieillard, & un peu le commun des femmes ont moins de sucs nerveux, l'équilibre est rompu, à l'avantage du fluide subtil, tant du système nerveux , que du genre artériel ; j'ai nommé cette portion déliée, *fluide caustic* ; celui des nerfs y devient donc une espéce de feu folet, qui est dans une agitation excessive, soit qu'on le suppose ébranlé par les objets des sens , soit que l'ame lui commande ; sans cesse le jouet de l'un & de l'autre, il ne laisse ni paix ni treve à la machine qu'il meut : cet excès est manifeste dans l'enfant , dans le singe, &c. L'homme fait & sain a ces deux substances en proportions égales. Il y a équilibre entr'elles, ce qui produit la modération des ébranlemens , des sensations, le loisir de la réfléxion, la solidité du jugement qui en résulte, & par l'abondance de l'un & de

DANS
le
cerveau

l'autre fluide, la force d'exécuter ces ré-
fultats. Sans ce concours heureux jamais
Mucius n'eût étonné *Porfenna* par fa féroce
intrépidité.

Si l'on fuppofoit dans le fuc nerveux **un**
excès oppofé à celui qu'on a remarqué dans
l'enfant, dans les finges, &c. cette glue
précieufe dominante produiroit la ftupeur,
l'engourdiffement dans les fonctions de l'ame
& du corps ; un tel homme tiendroit du
polipe, du limaçon, de la tortue, & ces
hommes végétans ne font que trop com-
muns. Cette ftupeur fe manifefte un peu dans
les perfonnes continentes à l'excès, c'eft-à-
dire, dans celles où cette liqueur nerveufe
que prodiguent les débauchés, fe trouve
furabondante : cas affez rare aujourd'hui.

2.° Un fecond principe de la vivacité
réfide dans les combinaifons des fluides artériels avec les organes nerveux, & principalement avec les pléxus & les organes,
munis de houpes nerveufes. Si ces organes
font fournis d'une grande quantité de ces
houpes, qu'elles y foient fort fenfibles,
pénétrées de rezeaux artériels, que la partie
fulphureufe ; bilieufe, ardente des liqueurs,
abonde, ces organes feront toujours dans
une demi-phlogofe qui en rendra tendu &
fort fenfible tout le tiffu, & par-là tout le
fiftême nerveux. Le fujet fentira une chaleur, une efpéce de feu accompagné de force

dans ſes pléxus, dans ſes organes nerveux. Ce feu eſt le grand principe du génie, lorſqu'il eſt à un certain degré, que la phlogoſe eſt retenue dans de juſtes bornes, & que le ſujet a dans les nerfs aſſez de ſuc & de fluide pour préſerver le tiſſu ſolide de la diſſolution annéxée à l'action de ce fluide cauſtic, & pour conſerver à l'ame, par ſon abondance, l'empire ſur tout le ſyſtême ; paſſez ce terme, cette flamme divine dégénére en incendie, en maladie, en délire, folie, &c.

Nous avons ſuppoſé les convaleſcens & les viellards très-càducs, foibles dans les facultés de léur ame, dans leurs paſſions, & vifs dans leurs déſirs, preſque à l'égal des enfans : la régle n'eſt pas générale ; il faut, pour qu'elle ait lieu, ſuppoſer en eux tous les principes de vivacité que je viens de détailler ; car combien d'entr'eux ſont d'une indifférence automatique pour tous les objets des ſenſations, des paſſions, & d'une tranquilité ſtoïque à toûs leurs éguillons : & l'on en ſent trop les cauſes pour que nous nous donnions la peine de les expoſer.

A ces diſpoſitions naturelles qui conſtituent le méchaniſme des facultés de l'eſprit, ajoutons celles que donne l'éducation qu'on fait ſi propre à le former. Penſer eſt une habitude, un métier, comme de jouer à la paume. L'action des muſcles ſe fortifie par l'uſage qu'on en fait, les fonctions du fluide ani-

DANS
le
cerveau.

mal fe font de même avec plus de facilité & de vigueur, lorfqu'elles font fouvent exercées; le fluide animal obéit mieux aux ordres de la volónté, pour toutes les formes qu'il doit prendre; les routes qu'il parcoûrt font plus ouvertes par fes paffages fréquens; les idées fans nombre que l'étude fournit, multiplient les caractéres de ce fluide; l'éducation affemble dans des cafes ces précieux caractéres, matériaux d'une ample bibliothéque; & le génie & l'application n'ont plus qu'à les affembler.

Les excès au-deffus ou au-deffous des difpofitionsnaturelles que nous avons affignées au caractére fpirituel font le ftupide & le fou. Le fou a deux fubalternes très-différens, le mélancolique & l'étourdi.

Génie
profond.

Le talent de la méditation, de la réfléxion, la faculté de penfer avec étendue, d'aprofondir une matiére, eft le caractére le plus voifin de la rêverie mélancolique, hypochondriaque, & il dégénére quelque fois en cette maladie; tant il eft vrai que rien n'eft fi voifin de la folie que le génie le plus fublime. Et d'où vient les ftupides & les brutes ne font-ils pas fujets à la folie? C'eft que la ftupidité qui fuppofe ou bien peu de fluide animal, ou les parois des nerfs prefque toutes folides, fans cavités, eft précifément le contraire de cette extrême fenfibilité, de ces grandes ofcillations des nerfs, de cette

Pourquoi
les brutes
ne font
pas fujet-
tes à la
folie.

grande

grande quantité & de cette activité prodi-
gieuse du fluide animal, qui au premier degré, fait le grand génie, & au second degré le fou *.

Celui qui est livré à ces rêveries, à ces
méditations profondes dont on vient de
parler, sent une certaine tension & un
certain mouvement accompagné de chaleur
dans les pléxus précordiaux,& aux méninges
du cerveau, jusques-là que j'en ai vu dans
de longues études, être obligés de se découvrir la tête & de prendre des boissons
rafraichissantes ; parce qu'en général, l'application continuée procure un étourdisse-
ment, une demi-yvresse, & cette yvresse

* J'entends par oscillations, ici & ailleurs, non
des vibrations des cordes nerveuses qui se portent
jusqu'au cerveau, je les ai combattues ; mais des
oscillations locales, produites par la combinaison des
vaisseaux liquoreux & nerveux ; combinaison qui fait
que les pulsations artérielles, plus ou moins vives
secouent dans la même proportion les fibrilles nerveuses qui les entre-lassent, & que les effervescences
dont les fluides de chacun de ces vaisseaux sont sus-
ceptibles, se communiquent & contribuent aux différens degrés de ces pulsations vibratoires ; oscillations
& effervescences qu'on sait être plus considérables dans
l'état de phlogose des plexus & autres organes des
passions, nous avons des exemples très-sensibles de
ces oscillations locales dans les panaris, dans les
phlegmons ; & les gens passionnés s'aperçoivent très-
bien, de ces émotions pulsatives analogues aux précédentes, dans les accès qui remuent leurs entrailles
sensibles.

DANS
le
cerveau.

arrive plutôt, & elle eft accompagnée d'une petite douleur à la tête, fi l'on eft déja épuifé ou fi l'on a moins de force ; la fraicheur des boiffons & de l'air extérieur calme ces fimptômes , & rend un peu la faculté de s'appliquer de nouveau , en voici les raifons.

L'étude
nuifible à
la fanté.

Cette action de l'efprit qu'on appelle attention , application . eft analogue à cette autre opération de l'ame qu'on nomme travail de corps , mouvement mufculaire. En l'une & l'autre , cette fubftance fouveraine met en contraction les organes qui font le fiége de ces actions, c'eft-à-dire , les mufcles pour les exercices du corps , les pléxus précordiaux , les toiles nerveufes pour ceux de l'efprit. La contraction des rezeaux nerveux fiége de l'application y arrête le fang , le venal furtout , y accumule l'artériel d'où réfulte une légére phlogofe , & une fermentation fanguine où domine le fluide cauftic ; delà cette chaleur , cette ardeur que j'ai déja donnée pour principe du génie ; mais fi elle eft continuée avec excès , & qu'elle ne foit pas foûtenue , nourrie , pour ainfi-dire , par une grande quantité de fuc nerveux , de fluide confervateur , alors la fermentation fanguine s'empare des fibres ; celles-ci font gonflées , diftendues même un peu douloureufement & par-là elles perdent leur foupleffe , leur élafticité ; comme un faifceau mufculeux engorgé d'une fluxion rumatifmale perd fon mouvement , ou comme une peau éréſipélateuſe perd ſa ſoupleſſe & ſa tranſpiration, & ne nous donne plus d'autre ſenſation que celle d'une chaleur avec demangeaiſon ; de même ces toiles nerveuſes, & ſurtout celles du cerveau, principal ſiége des facultés de l'ame, dominées par cette fermentation ne ſont ſenſibles qu'à cet état, qui produit une ſorte d'ivreſſe, un petit mal de tête, douleur propre à ces membranes ; elles ceſſent donc d'obéir à l'ame qui perd ſon empire ſur elles, & par conſéquent ſur le reſte de la machine.

La fraicheur de l'air, celle d'un verre de limonade, diſſipe, au moins en partie, ces accidens. Elle éteint le feu, l'efferveſcence, condenſe les liqueurs, les chaſſe du tiſſu des fibres engorgées, leur rend le volume & le ton naturel, & par conſéquent leur action, & à l'ame ſon empire. L'application retarde juſqu'au mouvement de la reſpiration ; ce qui oblige à ſoupirer de temps en temps, pour rendre au ſang des poûmons toute la fraicheur dont il a beſoin.

Mais cette phlogoſe des pléxus & des toiles nerveuſes, ſiéges de l'application, étant ſouvent répétée, devient à la fin habituelle, & dégénére quelquefois en éréſipéles chroniques, ou en cet état coupéroſé qu'on obſerve à certains viſages, ou en dartres, en puſtulles internes, qui ont le plus ſouvent leur ſiége dans les organes de la digeſtion & de la chilification, parce que ceux-ci n'ont jamais de relâche. Le Savant fort-il de fon cabinet, où il les a mifes en phlogofe? La table où on l'appelle, les charge d'un nouveau travail ; elles les remet dans un pareil état, & fouvent plus ardent encore par l'effervefcence des alimens, qui accompagne leur digeftion , furtout celle qu'on anime, à ce qu'on croit , par des boiffons chaudes , fpiritueufes. Telle eft la fource des maladies de l'eftomac , des inteftins, du foye, de la ratte , telle eft l'origine de la mélancolie , & du dépériffement de la fanté & des talens mêmes des gens de lettres.

Outre la rêverie d'application dont nous venons de parler, il en eft une autre qu'il ne faut point confondre avec celle-ci: elle ne lui reffemble que par les dehors , mais intérieurement elle a un méchanifme tout oppofé. La rêverie que nous venons d'expliquer eft une contention d'efprit, l'autre en eft une forte de relâchement; dans l'une & l'autre on ne prête point attention à ce qui fe paffe devant foi, on eft ce que l'on appelle diftrait ; mais dans la première rêverie, on eft diftrait par un objet dont l'efprit eft fortement occupé; dans la feconde, on n'eft diftrait par aucun objet déterminé, on ne penfe à rien , pour ainfi dire ; tous ces folides dont nous venons de parler font entiérement relâchés , faute de fluide animal, ou faute d'action dans ce fluide; l'efprit ne voit que foiblement & comme paffive-

ment tout ce qui se présente, il n'y met rien
du sien, il n'y réfléchit point ou presque point;
de-là vient qu'on ne s'en souvient pas l'instant suivant, & c'est ce qui fait dire qu'on ne
pensoit à rien. Cette foiblesse de penser est
un repos, un relâche pour les plus grands
génies ; mais c'est l'état naturel des stupides.

Je ne dois pas omettre une troisiéme
sorte de rêverie différente encore des deux
précédentes, & qui cependant participe un
peu de l'une & de l'autre, c'est celle qui
fait appeller un homme *stupéfait*. Un paysan
nouvellement arrivé dans une grande ville,
est étourdi des nouveautés qui se présentent
à ses yeux, il en a l'esprit occupé, arrêté,
rêveur, il en est interdit. Un homme, sans
monde, embarrassé dans une compagnie,
ou un homme du monde primé par quelqu'un, se trouvent de même *stupéfaits* &
rêveurs. Dans tous ces cas de la troisiéme
espéce de rêverie, la surprise occupe fortement l'esprit & tend les solides, comme
dans la premiére espéce de rêverie ; mais le
mélange d'une sorte de crainte resserre les
nerfs, met dans le fluide animal la stupeur
& l'inaction de la seconde espéce de rêverie ; ce qui fait que dans cette troisiéme
espéce, l'esprit, quoique capable, est comme lié, il est comme en prison, & ce sont
des fers qu'il se donne lui-même.

Il semble que dans un génie appliqué &
profond, le fluide animal participe un peu

de la modification que nous lui avons affi-
gnée dans la triftefle. On croiroit volontiers que par cette tenfion du fiftême nerveux, ce fluide, inftrument de l'ame, eft
fixé fur la confidération d'un objet : qu'en
cette fituation il fe développe & prend toutes les formes poffibles pour fervir à en examiner à fonds tous les côtés, tous les rapports ; à peu-près comme les liqueurs ordinaires arrêtées dans un certain repos, acquiérent des mouvemens de fermentation
qui en exaltent les principes, & y produifent
mille effets nouveaux.

Au contraire, la difpofition de l'œconomie qui fait l'efprit gai, léger, brillant, fu-
perficiel, & fon excès, qui eft l'étourderie,
la folie de vivacité, confiftent principalement dans un mouvement impétueux des
fluides à travers des nerfs frêles & légers.
Les filiéres nerveufes ne font prefque que
cavité, elles n'ont pas de folidité, elles fe
fentent de l'état où elles font dans les enfans, dans le commun des femmes ; c'eft
pourquoi elles ne peuvent être long-temps
ni fortement tendues, parce qu'elles ne font
pas affez fortes, que le fluide y coule trop
librement & ne peut y être retenu. Cet état
participe un peu de celui que nous avons
reconnu dans la modification de la joie, rien
n'eft arrêté ni fixé dans cette difpofition, le
fluide animal eft emporté, & fes organes
font ébranlés impétueufement aux moindres

impreſſions des objets. On diroit que ce
fluide a un mouvement progreſſif, violent,
qui lui fait perdre de ſon mouvement inteſtin, qui ſemble faire la réfléxion ou du
moins y ſervir; il paſſe rapidement & legérement ſur tous les objets, il les effleure,
il n'en voit que les dehors.

La diſpoſition animale qui conſtitue l'état
de raiſon, paroît être le milieu entre ces
deux extrêmes; c'eſt une eſpéce d'équilibre,
d'abord entre les deux parties qui compoſent le fluide animal; ſavoir, le ſuc nerveux
& la partie plus déliée, plus active, qui y eſt
jointe; puis un pareil équilibre entre tout
ce fluide animal & les ſolides qui le portent;
d'où réſultent un mouvement modéré dans
ce fluide, un ton moyen dans ſes organes,
un juſte degré de ſolidité dans les nerfs, un
état enfin de ces puiſſances tel que celui qui
eſt entre les liqueurs & les vaiſſeaux pour
produire l'état de ſanté parfaite; auſſi la
raiſon paſſe-t-elle pour. l'état de ſanté de
l'ame, c'eſt-à-dire, des puiſſances animales
qui ſervent à ſes fonctions.

Toute cette théorie prouve, ce que nous
diſions ci-devant, que l'eſprit dépend beaucoup de la partie animale, & qu'en étudiant
le tempérament des hommes, & en appro-
fondiſſant les effets des alimens & des remédes ſur eux, on pourroit en quelque ſorte
donner à leur eſprit un certain degré de
perfection.

O 4

J'ai un ami qui peut, quand il veut, fe mettre dans l'état le plus fpirituel où il puiffe être ; il n'a qu'à faire une forte de diéte, prendre peu de nourriture folide, point de vin, beaucoup de potage, du bouillon, de l'eau, fe tranquillifer le corps , & mettre fon efprit fur la voie des réfléxions par quelque lecture. Plus il s'échauffe à penfer, plus la force & l'étendue des opérations de fon efprit augmente ; fi outre cet exercice de l'efprit, il fait entrer dans fon régime les nourritures maigres, legeres, un peu épicées, enfin, s'il pouffe fon tempérament déja très-vif, tout proche de l'état fiévreux, la force de fon efprit eft excitée jufqu'où elle peut l'être.

Voici comme je conçois ces effets : les alimens dont on emplit les organes, n'y digérent pas fans acquérir une forte de fermentation dont la vive impreffion fur un organe auffi nerveux que l'eftomac, met en érétifme tout le fiftéme des nerfs , & en mouvement tous les fluides ; ce qui produit une efpéce de demi-fiévre, dont le commencement eft marqué par un froid fort fenfible , qui eft fuivi d'un pouls élevé, qu'on trouve à tout le monde après le repas. Les perfonnes délicates ont une fiévre réelle dans cette circonftance. Cet état d'effervefcence dans un homme robufte, n'eft fouvent que celui où tous les miniftres de fon ame ont les modifications les plus propres à l'exciter & à lui faire produire les plus brillantes fonctions ; delà les saillies de nos agréables convives au deffert ; mais dans un tempérament frêle, les oscillations légéres, vives & libres dégé-nérent en tension spasmodique, la fermen-tation douce, animée, guaye, y devient une stupeur voifine de l'étourdiffement ; l'ame se fent des entraves ; fes organes font fur-chargés, fes folides tendus & stupéfaits, fes fluides fougueux ! de tels miniftres lui obéiffent mal. Au contraire, une diéte, qui ne donne à la machine que ce qu'il lui faut, laiffe toute la liberté à fes mouve-mens ; & fi le peu d'alimens qu'on prend eft aqueux & aiguifé de fel & d'épices, comme font les alimens maigres un peu relevés, on conçoit qu'ils doivent, par leur aiguillon lé-ger & leur fluidité, donner aux folides & aux fluides toute l'activité néceffaire pour la per-fection des fonctions du cerveau & des fens.

Auffi l'ami dont je parle a-t-il obfervé que cet état où il eft plus fpirituel, eft en même temps celui où les paffions font plus vives ; & que la bonne chére, les nourritures graf-fes & abondantes lui appéfantiffent l'efprit & le rendent en même-temps plus tranquille ; c'eft pour la même raifon que les perfonnes replettes font ordinairement moins vives & moins paffionnées que les autres : peut-être cependant qu'un autre tempérament que celui de l'ami dont je parle, exigeroit une conduite différente. Cette obfervation &

ces raisonnemens confirment néanmoins une vérité déja très-évidente, c'est que les constitutions spirituelles & passionnées sont à peu-près les mêmes, & qu'elles font l'une & l'autre, physiquement parlant, l'état le plus parfait de la machine, puisqu'elles supposent toutes deux l'état de cette machine, dans lequel les sensations, & en général toutes les fonctions les plus nobles du fluide animal & de ses organes, se font le-plus parfaitement.

Nous avons déja remarqué, *pag.* 164, que l'état de l'atmosphére influe sur les facultés de notre esprit. Il est encore des tempéramens, où ces effets font beaucoup plus sensibles. On prétend que Milton, l'Homére de l'Angleterre, étoit de cette espéce ; que son génie étoit intermittent ; que depuis la fin de Septembre, jusqu'au mois de Mai, il avoit toute la sublimité qu'on lui trouve dans ses Poësies, & que pendant les six autres mois de l'année, il étoit en quelque forte éteint.

Quelques observations que je vais ajoûter aux précédentes, éclairciront & confirmeront la doctrine que j'ai ci-devant exposée sur le méchanisme des diverses facultés & des états divers de l'esprit.

Lentulus, d'un tempérament sanguin-bilieux, tout nerveux, d'une délicatesse qui le reduit à l'eau pour toute boisson, subjugué un jour par d'agréables convives, prend un peu de liqueur, céde aux atraits d'une crême,

au parfum d'une taſſe de café. Le premier
effet de cette petite quantité d'alimens
chauds, ſur un eſtomac plein, ne fut que
d'en reveiller le ton, celui de tous les nerfs,
y cauſer une efferveſcence libre, aiſée, accompagnée des oſcillations brillantes & vi-
goüreuſes, qui font la gaieté, la vigueur, les
ſources des bons mots, des ſaillies. Mais le
liquide s'échappe, le volatil ſe diſſipe, les
ſels alkalis, les huileux, les butireux reſtent ; Lentulus ſent pendant pluſieurs jours
une peſanteur à l'eſtomac qui conſterne ſes
organes nerveux, opprime les facultés de
ſon ame ; bientôt ces marcs gras, ſulphu-
reux, alkalins font ſur ſon eſtomac l'office
des veſicatoires : une phlogoſe fermenta-
tive & légérement fiévreuſe s'en empare &
ſympatiquement des méninges du cerveau ;
là cette efferveſcence du fluide animal le
rend indocile aux ordres de l'ame ; ce qui
produit une ſorte d'yvreſſe, d'étourdiſſe-
ment ; ſa tête n'eſt plus à lui. Il veut ſe défaire de ce poids à l'eſtomac & de toutes
ſes ſuites, par un émétique : la phlogoſe eſt
trop avancée, l'évacuation eſt incomplette
& le ſtimulant du reméde acheve d'irriter,
d'enflammer la tunique nerveuſe de l'eſtomac ; la fiévre devient vive, le hoquet s'y
joint, l'efferveſcence y eſt telle, que le
fluide animal, ci-devant peu obéiſſant à
l'ame, la commande preſqu'en entier. Dans
l'organe de la vûe en particulier, il y prend

succeſſivement toutes les modifications repré-
ſentatives des objets qui l'ont pû ci-devant
affecter ; mais ce ne ſont plus les ſpectres
qui effrayent un enfant prêt à s'endormir ;
les yeux de Lentulus ne lui offrent plus que
par intervalles les rideaux de ſon lit, ou la
chambre où il eſt couché ; il voit à leur
place, les yeux bien ouverts , & en plein
jour, il voit diſtinctement une foule & une
ſuite continuée d'objets qui ſe ſuccédent ſans
ceſſe, & qui heureuſement ſont auſſi agréables que magnifiques : tout ce que les maga-
ſins de bijoux les plus riches étalent aux
acheteurs opulents ; tout ce que les fêtes
les plus brillantes offrent à la vûe des curieux ; tout ce que les palais du ſoleil, de l'o-
péra de Phaéton, ceux des Fées de nos ro-
mans, ont de plus ſuperbe , viennent s'offrir
tour-à-tour à ſes yeux , comme des objets
vraiment extérieurs & réels. Que manque-
t-il à Lentulus pour être actuellement en
délire ; ſon ame n'a qu'à être perſuadée de
cette réalité, s'y livrer en entier, raiſonner
& agir en conféquence ; le délire n'eſt que
cela : & certains hypochondriaques, vaporeux, ont-ils d'autres cauſes de leur état ?
La folie même qu'eſt-elle autre choſe que
ce même délire continué, par des cauſes à
peu-près pareilles, mais dont l'eſpéce inflammatoire, ſoit dans des houppes nerveuſes,
ſoit dans des ganglions, ou peut-être le ſeul
état fermenté du ſuc nerveux de certaines

regions, peuvent subfifter dans l'œconomie animale fans détruire la fanté, ni la
vie? Cependant Lentulus tout malade qu'il
étoit, jouiffoit de tout le plaifir de ces fpectacles fans en être la dupe ; fon ame ferme
au milieu de ces tempêtes, de ces volcans,
faifoit à fa famille, à fes amis préfens, l'hiftoire de ces vifions, & les en auroit beaucoup divertis, fans le danger dont fon état
n'étoit pas exempt. D'où vient ce jugement
fain, ce fang-froid, fi l'on peut dire, dans
une effervefcence auffi générale ? L'organe
du jugement, tel qu'il foit, étoit fans doute
exempt de cette effervefcence, & là feulement, l'ame maîtreffe abfolue de tous fes
miniftres contemploit fes propres égaremens
dans les autres organes, & en donnoit tran-
quillement la defcription.

Ces derniéres réflexions nous ménent
naturellement à la fameufe queftion du
fiége de l'ame. Nous ne pouvons d'ailleurs
nous difpenfer d'examiner le fiége de fes
fonctions, dans un traité ou il s'agit de celles
du fluide animal dans le cerveau.

Les différens auteurs donnent différens
fiéges à l'ame & à fes fonctions dans le cerveau ; mais je ne crois pas qu'on ait encore
affez d'obfervations, pour déterminer avec
certitude ces organes particuliers. Il eft certain que toutes les bleffures du centre du
cerveau pervertiffent ou détruifent les fonctions de l'ame : mais eft-ce en qualité du

DANS
le
cerveau.

fiége de ces fonctions, ou fimplement comme filtre du fluide qui y doit fervir ? Ce problême n'eft pas aifé à réfoudre.

Opinion de Def-cartes.

Defcartes a choifi la glande pinéale pour en faire le fiége de l'ame, avec autant de raifon que ceux qui l'ont placée dans le corps calleux , avec autant de fondement que Sanctorini, qui l'a logée tout récemment dans la moëlle allongée. Les obfervations leur font également favorables ; les vices ou les bleffures de toutes ces parties ont fait également perdre la raifon à ceux en qui ces accidens font arrivés. La glande pinéale , à laquelle les modernes ont tant infulté , a fes preuves comme les autres : on y a trouvé des pierres , mais on ne l'a jamais trouvée toute pierreufe dans des hommes raifonnables. Monfieur King , Anglois *,
l'a trouvée entourée d'une croute pierreufe

Obferva-tion pour la glande pinéale.

dans un homme de foixante & quinze ans ; mais cet homme long-temps avant fa mort, s'étoit vû tellement affoiblir peu à peu & de corps & d'efprit , qu'il ne faifoit plus à la fin aucune fonction ni de l'un ni de l'autre. Ce qu'on peut conclure de ces diverfes obfer-vations, c'eft que toutes les parties du cerveau & du cervelet font les filtres du fluide animal , qu'il n'y a aucune de ces parties

---

* *Tranfactions philofophiques*, 1686, *p.* 228. *Obfer-vations fur toutes les parties de la Phyfique ;* tom. 4,
pag. 258.

qui ne foit néceffaire à cette fecrétion, &
que de cette fecrétion univerfelle dépend
la perfection du fluide , & par conféquent
celle de fes fonctions.

En regardant la fubftance corticale du
cerveau comme l'organe qui filtre ce fluide,
& la fubftance moëlleufe comme les canaux
qui le conduifent à fa deftination ; je ne vois
pas qu'on puiffe reconnoître ni l'une ni l'autre de ces parties comme le fiége des fonctions
de ce fluide : Où eft l'exemple, dans le corps
humain, que l'organe de la filtration d'une
liqueur, foit en même-temps l'organe de
fes fonctions ? La bile fe filtre dans le foie,
& fait fes fonctions dans le duodenum ; la
falive fe fait dans les extrêmités des artéres
& dans les glandes falivaires, & fa fonction
s'exécute dans la bouche & dans l'eftomac.
La nature eft uniforme dans fa conduite ;
puifque le fluide du cerveau fe filtre dans la
fubftance de ce vifcére, il faut que fes fonctions fe faffent ailleurs que dans fes filiéres.

S'il m'étoit permis de hazarder des conjectures fur une matiére qui en eft fi fufceptible , je placerois ces fonctions dans les
enveloppes mêmes du cerveau : Voici les
raifons que j'ai de penfer ainfi.

Dès qu'il répugne aux Loix ordinaires
de la nature, que la fubftance du cerveau foit
le fiége des fonctions du fluide animal, il ne
refte plus à ces fonctions que les parties qu'on
vient de nommer.

Tome I.

DANS le cerveau.

être ce fiége.

La dure-mere & la pie-mere font, comme on l'a vu, l'organe général du fentiment, & par elles-mêmes & par les nerfs qui en font les productions : la fubftance du cerveau n'en eft pas capable : par conféquent ces enveloppes & leurs apendices contiennent le fluide fenfitif, fiége organique des fenfations, & ces enveloppes font dans le crâne le lieu du concours ou le centre de toutes ces productions, & ainfi elles font le concours de toutes les fenfations.

2.º Ces enveloppes font les organes des fenfations.

Le tranfport au cerveau que donne une fiévre, eft une efpéce de démence accidentelle & paffagére ; la démence eft une maladie de l'organe de la raifon ; c'eft-à dire, de l'organe qui fait le fiége de l'ame animale liée à l'ame métaphyfique, comme on l'a dit ci-devant. Or tous les Praticiens favent que le tranfport eft une inflammation ou une difpofition inflammatoire de la dure & de la pie-mere : donc ces membranes font le fiége de l'ame dans le fens qu'on vient de dire *.

Autres preuves tirées :

1.º Des caufes du tranfport.

L'yvreffe fait perdre la raifon & la jufteffe des mouvemens mufculaires , & elle

2.º Des caufes de l'yvreffe.

---

* J'ai vu grand nombre de délires qui avoient pour caufes une inflammation à l'eftomac ; les méninges alors produifoient le délire fympathiquement , par une efferve'cence de leur fluide animal, pareille à celle que l'inflammation directe y auroit introduite.

eft

eſt l'effet d'une irritation des ſolides, ou par les ſels du vin, ou par ceux du tabac, ou par les vapeurs du charbon, &c. ces irritations mettent la dure-mere & la pie-mere dans une tenſion ſpaſmodique, qui aproche de l'état où eḷles ſont dans le tranſport, & par-là elles font perdre à ſon fluide la modification réguliére qui conſtitue l'état raiſonnable. Cette tenſion, outre cela, étrangle les cavités des nerfs, & de-là l'interception du fluide moteur, & la marche chancelante des yvrognes ; quand cette tenſion eſt extrême, & l'interception totale, l'homme eſt ce qu'on appelle *mort yvre*.

Tous ces déſordres dependent des différens états de la dure-mere & de la pie-mere, & c'eſt dans les différens genres de tenſion de ces parties cauſées par les divers degrés des modifications de leur fluide, que conſiſtent tous les genres de folie ; nous avons déja vû que leur correſpondance avec tous les ſolides, & ſur-tout avec les pléxus précordiaux établit le principe des ſenſations, des paſſions : la folie n'eſt qu'un dérégle-ment de ces fonctions, comme la raiſon conſiſte dans leur harmonie : donc le principe de la folie & de la raiſon eſt dans ces ſolides ſeuls, ou au moins dans le fluide qu'ils contiennent ; donc le ſiége de l'ame & de ſes fonctions, eſt dans ces mêmes ſolides, & par conſéquent ce ſiége dans la tête eſt

DANS le cerveau.

la duré-mere & la pie-mere & leurs apartenances , comme la toile du pléxus choroïde , les membranes imperceptibles qui tapiſſent & pénétrent les ventricules & les diverſes portions du cerveau , les toiles & rézeau qui environnent les glandes pinéales, pituitaires , &c. &c.

4.° De la nature de la mémoire, de l'imagination .

Puiſque toutes les fonctions de l'ame du cerveau , comme la mémoire , l'imagination , &c. ne ſont que des répétitions des impreſſions reçues par les objets , ces répétitions ſe feront par le fluide & dans les organes mêmes , où la première impreſſion s'eſt faite ; or cette première impreſſion s'eſt faite dans la dure-mere & la pie-mere , car voilà les ſeuls correſpondans des nerfs , organes immédiats des impreſſions des objets ; donc ces membranes ſont le ſiége de la mémoire , de l'imagination , &c. & de toutes les fonctions de l'ame.

5.° Des obſervations.

Les obſervations ſont d'accord avec ces raiſonnemens. Une femme * perdit la mémoire par une ſuppreſſion de ſes régles, & la recouvra par un cautére ; ce reméde n'agit que ſur les ſolides qu'il ſecoue & qu'il déſobſtrue ; la ſubſtance du cerveau n'eſt pas capable de ces ſecouſſes : ce n'eſt donc pas ſur cette ſubſtance que le cautére a produit ce

* Bartholini acta medica & philoſophica.

bon effet ; c'eſt donc à ſes enveloppes qu'il
a rendu leur état naturel , & la mémoire
qui en dépend ; ces enveloppes du cerveau
ſont donc l'organe de cette faculté.

Un enfant de neuf ans , qui avoit beaucoup d'eſprit , perdit la mémoire par un
violent mal de tête accompagné de fiévre ;
ſon jugement étoit reſté ſain : il guérit de ſa
fiévre , & r'apprit ce qu'il avoit oublié ; mais
l'application lui cauſoit de grands maux de
tête : il mourut à vingt-ſept ans , & on lui
trouva entre la dure-mere & la pie-mere de
petits os, qui paroiſſoient ſortir de la ſurface
intérieure de la dure-mere , & diſpoſés à
picoter la pie-mere *.

Ces obſervations prouvent que ces membranes ſont le ſiége de la mémoire , & que
dans l'application, qui eſt une action plus
forte de l'ame , ces membranes deviennent
plus tendues , car c'eſt par cette tenſion
que la douleur s'augmentoit ; ceux qui étu-
dient beaucoup en font tous les jours l'expérience : L'habitude qu'on a de ſe frotter
le front, pour rappeller ſa mémoire où ra-
nimer ſon imagination, la chaleur qu'on excite par l'étude aux dehors de la tête même,
font encore autant de preuves de cette opinion : dira-t-on que cette tenſion, ces dou-

---

* Hiſtoir. de l'Académie, 1711, p. 27.

leurs de tête , cette chaleur sont communiquées à ces membranes , par l'action du fluide animal dans la substance du cerveau? Ce fluide dans cette substance n'a aucun sentiment; or ce qui n'a point de sentiment peut-il en communiquer dans l'état & du lieu même où il manque de cette faculté? Un fluide, qui est dans l'impuissance de recevoir aucunes sensations , est aussi incapable d'aucune des fonctions de l'ame ; il est dans une impuissance totale, puisque toutes les fonctions de l'ame ont pour principe les sensations : ce n'est donc pas au fluide de la substance du cerveau qu'il faut attribuer tous ces effets, mais à celui de ses enveloppes.

Les mêmes principes s'appliquent également bien à l'histoire d'un autre enfant de huit ans , qui perdoit la mémoire dans les grandes chaleurs de 1705,&qui la recouvroit par la fraîcheur. *Histoir. Acad.* 1705, *pag.* 57.

Les enveloppes du cerveau reçoivent le fluide qui les anime. 1.º Par les nerfs qui se jettent dans leur tissu & dans leurs productions. 2.º Par les filets de ces membranes qui s'insèrent dans la substance du cerveau , & y accompagnent les vaisseaux. 3.º Par les liqueurs mêmes de ces vaisseaux , chargées de ce fluide & de son alliage, comme on l'a expliqué ci-dessus : Par exemple , le pléxus choroïde qui rampe dans les cavités du cerveau, me paroît propre à se charger de ce fluide, à le filtrer dans ſes glandes, & à le communiquer au reſte des méninges ; les racines de ſes vaiſſeaux ſortent de la ſubſtance du cerveau, & leurs troncs ſe confondent avec la dure-mere.

Il en faut autant penſer des ſinus caverneux, des ſinus circulaires & du rets admirable qui environne la glande pituitaire placée au centre du crâne comme dans un trône. Nous avons déſigné, *pag.* 129, l'uſage de ces organes pour les fonctions du fluide animal. La cavité du cervelet n'a point de ces pléxus, & l'on ſait que cette partie eſt deſtinée à fournir les eſprits aux actions vitales & involontaires, telles que le mouvement du cœur, & qu'elle n'a point de part aux fonctions libres de l'ame. Cette circonſtance ne prouveroit-elle pas encore l'uſage de ces pléxus pour les fonctions de l'ame? Peut-être encore que les ventricules du cerveau où ils nagent, ſont des réſervoirs où le fluide animal eſt dépoſé, & où il eſt toujours prêt dans le beſoin à couler dans ces pléxus, & par eux dans les autres organes des ſenſations ; que de peut-être n'eſt-on pas obligé de hazarder dans un ſujet ſi impénétrable!

L'uſage que je donne aux liqueurs de ces pléxus ſanguins, & par conſéquent à tout le ſang du cerveau, paroît confirmé par l'Anatomie comparée. Les oiſeaux qui ont fi peu d'imagination & de mémoire, n'ont aussi presque pas de sang dans le cerveau. *Observ. physiq. tome* 3 , *pag.* 245. En suppofant que les enveloppes du cerveau foient le fiége des fonctions, & qu'elles reçoivent une partie du fluide animal, & de fon alliage par les vaiffeaux fanguins, on explique affez naturellement, comment des enfans ont pû naître & vivre même un certain temps fans cerveau & fans moëlle allongée, comme on l'apprend par les *Obfervat. physiq. tom.* I , *pag.* 254 , *tom.* 2 , *pages* 165 , 166 , 179 , & comme j'en ai vu plufieurs que je conferve dans mon cabinet.

On peut dire contre ce fyftême que dans le trépan on fait des incifions à la dure-mere, fans que les fonctions de l'ame foient bleffées. Je réponds :

1.° Que ces fonctions ne peuvent être détruites par cette opération. Une incifion défunit une petite portion de la dure-mere, & y caufe de la douleur ; mais ces fimples changemens ne font pas fuffifans pour ôter au fluide animal & à fes vaiffeaux dans la dure-mere, leur état naturel & leur aptitude à toutes les fonctions ; la douleur n'eft pas capable de pervertir le caractére naturel à ce fluide ; l'incifion n'empêche pas la dure-mere d'avoir la tenfion & la liberté de fes filiéres, néceffaires au mouvement de fon fluide, de même qu'une petite incifion

dans la cuiſſe n'interrompt pas la circulation
dans toute cetté partie.

2.° Néanmoins ſi l'on prétend dire qu'une
inciſion à la dure-mere ne nuiſe en rien aux
fonctions de l'ame, on eſt dans une erreur
manifeſte ; un ſimple mal de tête nous ôte
preſque tout l'uſage de notre eſprit, à plus
forte raiſon une inciſion à la dure-mere,
nous rend-elle ſans forces & ſans vigueur
du côté de cette fonction. Les Praticiens
connoiſſent l'accablement, la ſtupidité &
ſouvent le délire des malades attaqués par
un endroit auſſi précieux que cette enveloppe du cerveau : & il eſt même plus d'une
obſervation qui prouve, que l'opération du
trépan a quelquefois affoibli pour jamais l'eſprit de ceux ſur qui elle a été pratiquée.

3.° L'objection qu'on vient de faire contre nous eſt également forte, & même
beaucoup plus forte contre ceux qui regardent le cerveau comme le ſiége de l'ame ;
non-ſeulement on fait des inciſions dans ce
viſcére, ſans détruire les fonctions de l'a-
me ; mais même on a vû emporter des portions conſidérables de ſa ſubſtance, ſans
aucune léſion de ſes fonctions : & que répondre à l'obſervation de ces enfans qui ont
vécu ſans cerveau ; où étoit l'ame de ces
enfans ſinguliers, ſinon dans leurs ſolides &
dans leurs liqueurs, puiſque c'étoit-là tout
ce qu'on leur trouvoit ?

P 4

DES SENSATIONS
IMMÉDIATES.

LA SYMPATHIE,
les Preſſentimens, &c.

LA plupart des hiſtoires de la ſympathie
& des preſſentimens, ſont des fables ſi
ridicules, qu'un eſprit ſolide eſt naturellement porté à les rejetter toutes. Peut-être
qu'en y regardant de plus près, il y auroit
quelqu'exception à faire ; c'eſt un examen
que j'abandonne à ceux qui en auront le
courage & le loiſir : je ne prétends ici ni
combattre, ni prouver la réalité de la ſympathie & des preſſentimens ; je ne veux
qu'établir des principes pour rendre raiſon
de ces phénoménes, en cas qu'il y en eût
quelques-uns de vrais : c'eſt une pure ſuppoſition que je fais, & je penſe qu'il faudroit être de bien mauvaiſe humeur pour
ne point me la paſſer.

En ſuivant l'opinion commune, on appelle

ſimpathiques , des effets produits par une opération inviſible, émanée d'une ſubſtance éloignée, & qui fait impreſſion ſur autre choſe que ſur les ſens ordinaires. On nomme ces effets *preſſentimens* , quand ils ſont des ſentimens excités chez nous par des événemens éloignés ou futurs , dont nous ne ſommes informés par aucune des voies ordinaires.

La ſympathie ſemble avoir quelque choſe de moins occulte, & par conſéquent de plus croyable que les preſſentimens. Le ſiſtême corpuſculaire ſe prête à ſon explication, & c'en eſt aſſez pour la faire paſſer chez les Phyſiciens; cependant ſans prendre aucun parti là-deſſus, je rapporterai ſimplement le ſiſtême que j'ai imaginé, pour répondre à des queſtions de cette eſpéce qui me furent faites dans le mercure de Décembre 1735. Les curieux, en ce genre, pourront me ſavoir bon gré d'avoir ici pour eux la même complaiſance que j'ai eue pour l'anonyme du mercure.

Si nous avons des oreilles pour entendre, des yeux pour voir, une langue pour goûter, &c. c'eſt, ſans doute , que la lumiére, le ſon , les ragoûts ne ſauroient affecter notre ame ſans la médiation de ces organes & du fluide qui les anime ; parce que la diſproportion de ces matiéres à notre ame eſt trop grande , pour qu'elles puiſſent lier avec elle un commerce immédiat ; enſorte qu'il faut que ces matiéres ébranlent l'organe , dont la nature leur eſt proportionnée ; l'organe enſuite communique ſon impreſſion au fluide animal & celui-ci à l'ame : par cette gradation de communication, l'organe eſt médiateur entre l'objet & le fluide animal, & ce fluide, médiateur entre l'organe & l'ame , ſuivant ces loix du créateur dont nous avons parlé.

C'eſt donc la trop grande diſtance de la ſubſtance terreſtre de ces objets à la ſubſtance ſenſitive , qui les empêche d'y produire immédiatement la ſenſation ; par conſéquent, ſi nous concevons qu'il y a de ces objets extérieurs, dont la ſubſtance eſt ſemblable à celle qui eſt le ſujet des ſenſations, c'eſt-à-dire, au fluide animal qui vivifie les organes, ne devient-il pas clair que ces objets extérieurs remueront ou notre ame immédiatement, & ſans l'intervention d'aucun organe ni d'aucun fluide, ou le fluide nerveux ſans la médiation de ces organes ? Or ces ſenſations immédiates & extraordinaires formeroient des eſpéces de ſens nouveaux, très-propres à expliquer les phénoménes occultes dont il s'agit.

Je diviſerois donc volontiers toutes les ſenſations, en *médiates*, que nous recevons par l'entremife des fens vulgaires, & en *immédiates* que nous avons fans leur fecours, c'eft-à-dire, par une impreffion faite fur le fluide animal même, fans médiation.

Nous avons établi *pag.* 145 & 146, trois ef-péces du fluide animal, *l'ame du cerveau,* l'ame *fenfitive,* & le fluide *animo-végétal * :* L'im-preffion immédiate ne peut fe faire que fur ces trois efpéces, & par les efpèces pareil-les émanées d'autres individus ; ainfi je ferois de trois fortes de fenfations immédiates.

La premiére, feroit celle qui affecte im-médiatement la fubftance penfante ou l'ame du cerveau, liée aux fubftances fubalternes que nous lui avons données : j'appellerois celle-ci *fenfation intellectuelle.*

La feconde efpéce de fenfation immédiate feroit celle qui affecte l'ame fenfitive, l'ame des entrailles, fi l'on peut dire, ou des or-ganes des paffions ; j'appelle ainfi le fluide animal correfpondant aux pléxus nerveux : je nommerois celle-ci *fenfation animale, pathétique* ou *fenfation précordiale.*

SYMPA-THIE.

vifées en médiates & immé-diates.

Trois fortes de fenfa-tions im-média-tes.

L'intelle-ctuelle.

L'Ani-male.

---

* *Qu'on fe rappelle que ce mot d'ame eft ici une expreffion métaphorique qui ne fignifie à la lettre qu'un fluide organique, animé par la vraie fubftance pen-fante, dont il reçoit toute fon énergie, mais qui par là devient le principal inftrument du fentiment, du mou-vement, de la vie des diverfes parties, & en ce fens leur ame.*

Cette fenfation animale , ou plutôt ce commerce immédiat entre les fluides animaux a une efpéce fubalterne plus machinale , moins digne du nom de fenfation ; c'eft cette forte de commerce immédiat que je conçois entre les fluides *animo-végétaux* ; j'ai donné ce nom au fluide animal lié aux folides & aux liqueurs de la machine , pour la production de fes effets purement méchaniques , & qui regardent principalement les états de fanté & de maladie , comme la nutrition , la fuppuration , la régénération des chairs , &c. quoique le commerce de cette troifiéme efpéce de fluide , prefque tout végétal , mérite moins le nom de fenfation que les précédens ; cependant , pour la commodité de la divifion , je lui laifferai le nom de *fenfation animo-végétale.*

Je rapporterois à la *fenfation intellectuelle ,* les preffentimens , les vifions , les dons de deviner , de prédire , s'il en eft ; certaines vertus fuprenantes qu'on a remarquées dans des perfonnages extraordinaires , par cet endroit feul.

Ces fenfations immédiates développées , pourroient faire rentrer dans le *naturalifme* bien des phénoménes qu'on a donnés au prodige ; & rien à mon avis , ne feroit fi propre à augmenter les foibles connoiffances que nous avons de la nature de notre ame , & à faire fentir toute la nobleffe de fon être : peut-être même auroit-on fur cette matiére affez de preuves de raifonnement, pour arrêter certains efprits forts, & affez de faits & d'autorités pour faire taire leur incrédulité.

Les partifans des preffentimens font en grand nombre, & ils comptent parmi eux les génies du premier ordre, tels que Pythagore, Hyppocrate, Démocrite, Socrate, Xénophon, Platon, Ariftote, Cratippe, Poffidonius, Sophocle, Ennius, Cardan, Agrippa, Defcartes, Gaffendi, Vallemont, Dugué-Trouin, Pitcarne, &c.

La fameufe fecte des Stoïciens foûtenoit la réalité des preffentimens par le moyen des fonges. Ces Philofophes difoient que comme les Dieux entendent fans oreilles, & voient fans yeux, de même l'ame des hommes, pendant le fommeil, étant féparée des fens & de la matiére, voit des chofes dont elle feroit privée pendant la veille ; que c'eft par cette efpéce de dégagement du corps qu'elle fe reffouvient du paffé, qu'elle voit & fent les chofes préfentes quoiqu'éloignées, & qu'elle prévoit les chofes futures. *Ciceron, liv. de la Divination, n.* 58.

Quelques-uns de ces Philofophes penfoient que cette faculté de l'ame étoit attachée à fa nature divine, & qu'il n'y avoit que les liens du corps qui l'empêchassent d'en jouir sans cesse. Le divin Platon croyoit que la connoissance des choses futures ou présentes éloignées, étoit donnée à l'ame par une substance pensante qu'il mettoit dans l'Univers ; il regardoit nos ames comme des portions de cette ame universelle, & il concevoit entr'elles une liaison presque semblable à celle que nous avons établie entre toutes les espéces du fluide animal. Dans ce systême, cette ame universelle est émue du présent & du futur ; nos ames participent à toutes ces impressions, comme portions de cette ame ; mais sans cesse distraites par les sens & les mouvemens de la machine, elles ne peuvent prêter attention qu'à celles de ces impressions qui les touchent de plus près, & cela dans le temps où elles sont moins distraites par la machine, comme dans certains momens du sommeil. Il resulteroit de-là que les génies les plus capables de se livrer aux profondes méditations & de se détacher des impressions des sens, seroient aussi les plus propres aux pressentimens. à la révélation.

L'ame du monde admise par Platon étoit son Dieu ; cette ame entretenoit les mouvemens ordinaires de l'univers, ou plutôt s'y laissoit entraîner, comme notre ame se prête à la circulation & aux autres mouvemens machinaux ; mais l'ame universelle

avoit auſſi ſes mouvemens volontaires , &
ces mouvemens étoient tout ce que nous
appellons *miracle ;* car faire remonter un
fleuve vers ſa ſource, étoit pour cette ame,
dans les principes de Platon , ce qu'eſt pour
la notre , porter la main ſur l'épaule.

Cette communauté de modifications rap-
portée ci-deſſus entre nos ames & le Dieu
de Platon , expliquoit à merveille comment
ce Dieu étoit ſenſible aux vœux des mortels , & comment il faiſoit quelquefois pour
eux des choſes extraordinaires. Quel dom-
mage qu'un tel Philoſophe n'ait eu d'autres
lumiéres que celles du paganiſme? Qu'il
auroit bien mieux mérité l'épithete de divin!

C'eſt à la *ſenſation animale , pathétique ou
précordiale* que je raporterois les faits qu'on
a attribués à la baguette divinatoire *, ces
émotions ſur le lieu d'un meurtre , ſur la
piſte des meurtriers, ce ſang qu'on dit couler du cadavre d'un homme aſſaſſiné à l'a-
proche de l'aſſaſſin, ce que Gaſſendi ** explique par une eſpéce de combat des eſprits
de celui-ci avec ceux qui reſtent encore dans
celui-là. C'eſt à cette même *ſenſation précor-*

PRES-
SENTI-
MENS.

Eſpéces
de la ſen-
ſation
animale
ou pré-
cordiale.

---

* *Traité de la Phyſique occulte , par M. l'Abbé de
Vallemont.*

** *Gaſſendi , Phyſic. Sect.* 1, *lib.* 6 , *çap.* 14 ,
page 453.

diale que je rapporterois ces émotions extraordinaires à l'aproche d'un parent, d'une nourrice , quoiqu'on ne les reconnoisse point *; ces défaillances dont une Dame de cette Province est prise toutes les fois qu'elle se rencontre dans un lieu où se trouve un chat, même à son insçû ; cette antipathie du chien pour ceux qui ont tué d'autres chiens ; enfin , je rangerois sous cette classe tous les phénoménes de la sympathie & de l'antipathie dans lesquels notre ame est remuée, agitée de diverses passions sans l'entremise des sens, ou au moins par une médiation de ces sens qui ne leur est pas ordinaire.

Espéces
de la sen-
sation
animo-
végétale.

Je rapporterois à la *sensation animo-végétale* certaines opérations prétendues magiques sur nos vies & nos santés ; d'autres reconnues pour sympathiques ; toutes les cures magnétiques ou par sympathie, & généralement tous les phénoménes sympathiques qui regardent la simple machine.

Quant à cette derniére espéce de sympathie, je ne puis refuser à ses partisans l'aveu d'un fait qui me paroît favoriser leur opinion, & qui s'est passé sous mes yeux.

La femme de chambre de Madame Boette de la ville de Rouen , avoit au genou une

* *Le Mercure de Décembre 1735.*

petite

petite loupe que je devois extirper. On lui dit qu'un mouchoir avec lequel on auroit effuyé le vifage d'un pendu dans le temps même de l'exécution, étoit un reméde affuré, en l'appliquant fur le champ à la tumeur, & en répétant deux fois cette opération : elle fe réfolut d'en effayer, pour éviter le biftouri : cet été dernier elle exécuta fon projet ; le mouchoir appliqué lui excita des douleurs dans fa loupe, & au bout de quinze jours cette loupe difparut entiérement, fans qu'il fût befoin d'un fecond mouchoir. J'ai été appellé pour voir ce fait extraordinaire, & il a fallu que la malade me montrât la place où cette tumeur étoit auparavant. Ce fait eft connu de toute la Ville, & il eft des plus récens.

Je puis ajoûter à cette obfervation celle d'un Médecin très-éclairé, M. Ucay ; cet habile Phyficien nous rapporte lui-même, dans fon Traité des Maladies vénériennes, que pour faire fuer fes malades, il leur faifoit tirer une palette de fang, qu'il jettoit dans ce fang tout chaud une certaine poudre, & qu'il étoit fûr, peu de temps après, d'une fueur très-abondante *.

---

* *M. Dionis, gendre du célébre M. Andry, & fils de notre fameux Dionis, a publié en 1746, avec approbation de la Faculté, une femblable poudre fympathique, pour faire fuer & guérir le Rhumatifme, la*

Malgré l'évidence de ces faits, & tous ceux attribués à la poudre de sympathie, je ne prétends pas encore décider qu'ils foient des preuves fans replique de la fympathie ; je les donne pour ce qu'ils font ; mais en les fuppofant convaincans, je ne penfe pas qu'ils doivent faire croire légérement toutes les hiftoires de cette efpéce, telles que font ces guérifons fympathiques à cinquante lieues de diftance ; car fi c'eft un travers de ne rien croire du tout, c'eft une imbécillité pitoyable de tout croire indiftinctement. C'eft pour mettre mes lecteurs en état de prendre un jufte milieu, que j'ai été bien aifé de donner ici les principes par lefquels on peut expliquer ces phénoménes ; parce que ces principes ont des bornes, au delà defquelles ce n'eft plus qu'illufion & contes de vieilles. Notre profeffion nous met tous les jours dans la néceffité de favoir à quoi nous en tenir fur ces faits merveilleux ; il peut s'en trouver de conftatés, & l'art de guérir y gagneroit peut-être, fi nous gardions dans nos examens & dans nos jugemens le jufte milieu que je demande.

Tous les effets des fenfations immédiates

Goutte, &c. On a réimprimé fa Lettre avec fa Différtation fur le Tænia, en 1748 ; il y fait part au public de la recette de cette poudre.

ou occultes fe réduifent premiérement, à
la *communication ou au mêlange* des différentes
efpéces de fluide de quelqu'un, avec les efpéces de fluide de même nature, d'un autre
individu, foit animal, foit végétal, &c. or
ce mélange fe conçoit facilement, parce
qu'on fait que tous les corps du monde,
même les plus folides, laiffent tranfpirer
hors d'eux des parties volatiles; témoins
les odeurs des parfums, des fleurs, le fumet
du gibier que les chiens diftinguent fi bien.

On fait encore que ces parties volatiles
s'attachent à l'air, aux corps folides, &
qu'elles y fubfiftent un certain temps; témoin ces mêmes odeurs que les parfums
communiquent à l'air & aux autres corps,
& que ceux-ci gardent quelquefois un temps
confidérable; témoin la pifte des liévres, &
des cerfs que les chiens fuivent affez long-
temps après leur paffage.

La feconde chofe que les effets fympathiques fuppofent, c'éft l'*action des fluides animaux*, ou végétaux, les uns fur les autres;
action que nous avons démontrée ci-devant
par des faits inconteftables, *p.* 154, 155 & 158.

Refte à comprendre en quoi confifte cette
action, mais ce fera toujours un myftére;
comme c'en eft un que les modifications particuliéres qui font les couleurs rouges,
bleues, jaunes, ou qui diftinguent les mé-
taux particuliers, comme l'or & l'argent, &c.

Q 2

SYMPA.
THIE.

Il faut fe contenter de favoir en gros,
1.° que le fluide animal eft revêtu de différens caractéres, fuivant les différens individus qu'il occupe, fuivant fes différentes paffions, fes différens états, & que ces différens caractéres produifent dans les autres
fluides femblables, des émotions, des révolutions confidérables, ou par la confonance,
ou par la diffonance entre leurs caractéres.
Les efprits du loup, du cerf, du liévre, de
l'homme, font tous différens; le chien ne
s'y méprend pas. Les efprits de Jacques &
de Pierre ne font pas non plus les mêmes.
Un chien démêlera la route qu'a tenue fon
maître dans des rues où vingt autres auront
paffé, & il lui rapportera fon gant con-
fondu avec plufieurs autres. Les efprits de
l'homme en colére ou de l'homme content,
ont encore des caractéres bien différens, &
leurs actions fur ceux des autres font des
impreffions tout oppofées, comme on a
vu par les hiftoires du venin de la vipere,
& des morfures venimeufes d'un homme &
d'un cheval en colére.

Dès qu'on fe rendra aux faits évidens,
qui prouvent que les différens caractéres du
fluide animal & des fluides végétaux, produifent dans les fluides des autres individus,
des émotions, des changemens de caractére, des révolutions confidérables, fuivant
leur diffonance ou leur confonance, on

n'aura pas de peine à concevoir tous les effets qui réfultent de leur concours mutuel ou de leur conflict, de quelque genre qu'il foit, *intellectuel*, *animal*, ou *animo-vegetal*.

Quant à la *fympathie animo-vegetale* qui nous regarde de plus près, parce qu'elle comprend les guérifons magnétiques, on a vû ci-devant que les efprits font les principaux agens de la fanté, & l'on verra dans notre Pathologie que leurs caractéres, & leurs modifications font un des grands principes de nos maladies, & de leur guérifon. Par conféquent des impreffions capables de changer ces caractéres, deviennent aufli capables de donner ou de guérir des maladies.

Mais fans avoir recours à un fluide fympathique, la frayeur ne fait-elle pas quelquefois perdre la fiévre, & quelquefois ne la donne-t-elle pas? La frayeur que donne le bain de mer & le fer rouge, ne guérit-elle pas de la rage? Et peut-être que la plûpart des remédes doivent eux-mêmes leur efficacité à ce changement de caractére, à ce méchanifme fympathique.

Pourquoi les phénoménes de la fympathie font-ils fi rares, quoique le mêlange des fluides fe faffe fans ceffe entre tous les hommes, entre tous les animaux, entre toutes les fubftances tranfpirables? C'eft que ces effets extraordinaires requiérent des modifications particuliéres dans le fluide & dans les organes qui lui font foumis, & fur-tout un certain rapport entr'eux, & ceux du collégue fympathique & que l'affemblage de toutes ces conditions ne peut être que très-rare.

D'ailleurs les phénoménes de la fympathie & de l'antipathie, ne font peut-être pas fi rares. Sans compter les maladies contagieufes qui fe communiquent par une forte de commerce fympathique; fans compter les effets des inclinations des nourrices fur celles de leurs nourriffons & la ruine du tempérament des enfans qui couchent habituellement avec des vieillards : toutes chofes qui dépendent de ce même commerce fympathique; on fait encore qu'en vivant un certain temps avec certaines gens, on s'accoûtume avec eux, de façon à ne pouvoir plus fe paffer de leur compagnie. On aime même ceux des étrangers qui leur reffemblent; c'eft ainfi que Defcartes aimoit les louches, parce qu'il avoit fréquenté dans fa jeuneffe une jeune perfonne qui avoit ce défaut. D'un autre côté, il y a des gens obligés de demeurer enfemble qui ne peuvent fe fouffrir, & cela fans favoir pourquoi. On abhorre même quelquefois une perfonne qui a pour nous les meilleures façons, qui plaît à tout le monde, & que nous fouhaiterions auffi d'aimer, mais on ne le peut ;

cela eſt, dit-on, plus fort que ſoi; ce qu'on dit là de la haine, on le dit peut-être encore plus ſouvent des attachemens extravagans. Or il y a quelque apparence que cette force méchanique ſupérieure à toute raiſon eſt l'effet de cette ſenſation ſympathique, dont j'ai tâché de vous développer les principes, autant qu'il m'a été poſſible de le faire.

Il eſt des nœuds ſecrets, il eſt des ſympathies,

Dont, par le doux accord, les ames aſſorties,

S'attachent l'une à l'autre, & ſe laiſſent piquer,

Par ce je ne ſai quoi qu'on ne peut expliquer,

A dit le grand Corneille.

F I N.

TABLE

ALPHABETIQUE

DES MATIERES

DU TRAITÉ DES SENSATIONS
& des Passions en général.

A

B

F

L

M

N

O

Tome I. R

P

V

Fin de la Table Alphabétique.